上海市"双证融通"数控技术应用专业改革试点教材

数控车削程序编制与调试

组编　上海石化工业学校

主编　吴彩君

参编　沈俊英　张胜民　郭军强

　　　王振宇　兰　琴

机械工业出版社

本书选择了目前企业普遍使用的 FANUC 0i 数控系统，以及上海宇龙软件工程有限公司的宇龙数控加工仿真软件为项目实施平台，采用了多任务驱动的项目式教学法，全书分为编程准备、轴类零件车削加工程序编制与调试、内轮廓车削加工程序编制与调试、槽的车削加工程序编制与调试、螺纹车削加工程序编制与调试、综合要素零件车削加工程序编制与调试六个项目共 25 个教学任务。本书遵循学生认知规律，由浅入深，以每个学习任务为载体讲解相关理论知识及应用技能，从"跟我做"到"我能做"，逐步培养学生的独立学习能力。

本书可作为中等职业学校数控技术应用专业的教学用书，也可供相关专业的师生和从事相关工作的技术人员参考使用。

图书在版编目（CIP）数据

数控车削程序编制与调试/吴彩君主编；上海石化工业学校组编.
—北京：机械工业出版社，2018.5
上海市"双证融通"数控技术应用专业改革试点教材
ISBN 978-7-111-59573-1

Ⅰ.①数… Ⅱ.①吴… ②上… Ⅲ.①数控机床-车床-车削-程序设计-职业教育-教材② 数控机床-车床-车削-调试方法-职业教育-教材 Ⅳ.①TG519.1

中国版本图书馆 CIP 数据核字（2018）第 063292 号

机械工业出版社（北京市百万庄大街22号　邮政编码100037）
策划编辑：齐志刚　责任编辑：齐志刚　责任校对：陈　越
封面设计：张　静　责任印制：孙　炜
北京玥实印刷有限公司印刷
2018 年 8 月第 1 版第 1 次印刷
184mm×260mm · 13.25 印张 · 323 千字
0001— 1900 册
标准书号：ISBN 978-7-111-59573-1
定价：29.80元

上海市"双证融通"数控技术应用专业改革试点教材编写委员会

编写委员会主任（排名不分先后）：

上海市工业技术学校 王立刚

上海石化工业学校 黄汉军

编写委员会委员（排名不分先后）：

上海市工业技术学校	倪厚滨	鲁华东	庄　瑜	陆　敏	王振宇
	蔡　俊	常玉成	严晴锋	倪　珉	俞　燕
上海石化工业学校	徐卫东	吴彩君	张慧英	沈俊英	王永清
	郭军强	陆秀林			
上海市工程技术管理学校	张　斌	张胜民	黄　伟	殷旭宁	吴琰琨
	张　平	蒋　燕			
上海工商信息学校	马明娟	兰　琴	许　洁	陆伟刚	
上海市城市科技学校	朱贵成	胡永政	黄　铧		
上海市工商外国语学校	黄苏春	赵宏明			
上海市高级技工学校	张　伟				
上海大众工业学校	卢　红				
上海市群益职业技术学校	刘文彦				

前　言

为贯彻落实《国务院关于加快发展现代职业教育的决定》（国发〔2014〕19号）、国家和上海市《中长期教育改革和发展规划纲要》以及《上海市终身教育促进条例》精神，加快构建现代职业教育体系和劳动者终身职业培训体系，加快培养适应经济社会发展需要的技术技能人才，推动实现更高质量的就业，上海市人力资源社会保障局和上海市教育委员会决定在职业培训与学历教育中开展职业资格证书和学历证书的"双证融通"试点工作。"双证"是指学历证书与职业资格证书，"双证融通"是指基于学历教育与职业资格培训之间共同的要求，探索专业教学标准和职业技能标准的融通，教育课程评价方式和职业技能鉴定方式的融通，从而实现学历教育与职业资格培训的衔接贯通，实现职业资格证书和学历教育课程学分的转换互认。

本书是上海市数控技术应用专业"双证融通"教学改革试点系列教材之一，是编者根据上海市职业教育改革精神，为适应市场对新型技能人才的需要，依据《上海市中等职业学校数控技术应用专业教学标准》、上海市"数控车工（四级）"职业资格鉴定的要求而开发的。

本书选择了目前企业普遍使用的FANUC 0i数控系统，以及上海宇龙软件工程有限公司的宇龙数控加工仿真软件为项目实施平台，采用了多任务驱动的项目式教学法，全书分为编程准备、轴类零件车削加工程序编制与调试、内轮廓车削加工程序编制与调试、槽的车削加工程序编制与调试、螺纹车削加工程序编制与调试、综合要素零件车削加工程序编制与调试六个项目共25个教学任务。本书遵循学生认知规律，由浅入深，以每个学习任务为载体讲解相关理论知识及应用技能，从"跟我做"到"我能做"，逐步培养学生的独立学习能力。

本书由吴彩君担任主编，沈俊英、张胜民、郭军强、王振宇、兰琴参编，具体分工如下：项目一由沈俊英编写，项目二由张胜民编写，项目三由兰琴编写，项目四由王振宇编写，项目五由吴彩君编写，项目六由郭军强编写。全书由吴彩君统稿。编写过程中参考了很多资料，在此一并向相关作者表示感谢。

由于编者水平和经验有限，书中难免有表述不当及错漏之处，恳请读者提出宝贵意见。

编　者

目　录

编程准备

在数控车床上加工零件，首先需要根据零件图样分析零件的加工工艺过程、工艺参数等内容，用规定的指令或程序格式编制出正确的数控加工程序，这个过程称为数控编程。不同的数控系统和数控机床，它们程序指令是不同的，编程时必须按照数控机床的规定进行编程。

数控编程可分为手工编程和自动编程（计算机辅助编程）两大类。

编程过程依赖人工完成的称为手工编程。手工编程主要用于结构简单，并且可以使用数控系统提供的各种简化编程指令来编制数控加工程序的零件。由于数控车床主要的加工对象是回转体类零件，其程序的编制相对简单，因此其数控加工程序主要依靠手工编程完成。手工编程的一般过程如图 1-1 所示。

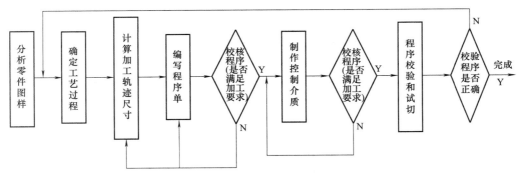

图 1-1　手工编程的一般过程

自动编程是指编程人员使用计算机辅助设计与制造软件绘制出零件的二维或三维图形，根据工艺参数选择切削方式，设置刀具参数和切削用量等，再经计算机系统处理，自动生成数控加工程序，并通过动态图形模拟校验程序的正确性。自动编程需要计算机辅助设计与制造软件的支持，也需要编程人员具有一定的工艺分析和手工编程的能力。

学习目标

1. 能识别程序代码
2. 能识读数控车削程序
3. 能确定数控车削坐标系原点
4. 能用右手法则判别坐标系中 X 坐标、Z 坐标的正方向

5. 能说明仿真软件的作用
6. 能简述仿真软件的基本功能

 学习导入

　　数控机床加工方式是依照一套特殊的指令，该指令能被数控装置所"接收"并经机床数控系统处理后，使机床自动完成零件加工。这种能被机床数控系统所接收的指令集合，就是数控机床加工中所必需的加工程序。由此我们可以知道，数控机床加工程序就是按规定格式描述零件几何形状和加工工艺的数控指令集合。本项目主要介绍数控车削加工程序的组成及含义，重点学习利用仿真软件进行程序的输入。

任 务 一　初 识 程 序

▶ 任务描述

　　下列程序为图 1-2 所示短轴零件的加工程序，要求会识读该程序，了解各程序段的作用。

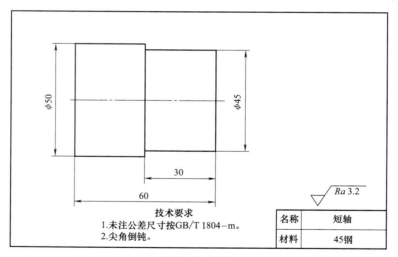

技术要求
1.未注公差尺寸按GB/T 1804-m。
2.尖角倒钝。

名称	短轴
材料	45钢

图 1-2　短轴

O0001；

N10 T0101；

N20 M03 S600；

N30 G00 X52.0 Z2.0；

N40 G01 X46.0 F0.2；

N50 G01 Z-30.0；

N60 G01 X52.0；

N70 G00 Z2.0；

N80 G00 X45.0；
N90 G01 Z−30.0 F0.1；
N100 G01 X52.0；
N110 G00 X100.0 Z50.0；
N120 M05；
N130 M30；

1. 识读零件图

认真识读图 1-2 所示零件图样，并将读到的信息填入表 1-1。

表 1-1　图样信息

识 读 内 容	读 到 的 信 息
零件名称	
零件材料	
零件轮廓要素	
表面质量要求	
技术要求	

2. 选择刀具

在车削加工中，外圆车削是最基本的一道工序，常用的外圆车刀有 93°外圆车刀和 45°外圆车刀（表 1-2）。

表 1-2　常用刀具

刀 具 图 示	名　称	说　　明
	93°外圆车刀	用来车削工件的外圆、端面和台阶，其主偏角较大，车削外圆时作用于工件的背向力小，不易发生将工件顶弯的现象
	45°外圆车刀	刀尖角为90°，刀头强度和散热条件比93°外圆车刀好。常用于车削工件的端面和进行45°倒角，也可以用来车削外圆

根据零件图样要求，请分析选择哪种刀具适合本次任务的加工。

1. 数控加工程序的结构

一个完整的数控加工程序是由程序名、程序内容和程序结束三个部分组成的。其格式如下：

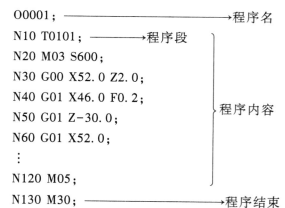

（1）程序名 FANUC系统程序名是O××××。"××××"是四位正整数，可以为0001~9999，例如O0001。程序名一般要求单独占一行且不需要程序段号。

（2）程序内容 程序内容是由若干程序段组成的，表示数控机床要完成的全部动作。每个程序段由一个或多个程序字构成，每个程序段一般占一行，用";"作为每个程序段的结束符。

（3）程序结束指令 可用M02或M30功能指令作为整个程序的结束指令，一般要求单独为一个程序段。

2. 程序段格式

程序段是指为了完成某一动作要求所需要的程序字（简称字）的组合。程序段格式是程序字在程序段中的顺序及书写方式的规定。不同的数控系统，其规定的程序段的格式不一定相同。现在最常用的是使用地址字的程序段格式（表1-3）。使用地址字的程序段格式的优点是程序段中所包含的信息可读性高，便于人工编辑修改，为数控系统解释执行数控加工程序提供了一种便捷的方式。

表1-3 地址字程序段格式

序　　号	1	2	3	4	5	6	7	8	9	10	11
代　　号	N	G	X U	Y V	Z W	I J K R	F	S	T	M	；
含　　义	顺序号字	准备功能字	坐标尺寸字				进给功能字	主轴转速功能字	刀具功能字	辅助功能字	结束符

3. 地址字

（1）顺序号字N 又称程序段号，一般位于程序段开头，N后面由一至四位数字组成。对于整个程序，名字前有地址，名字的排列顺序要求不严，数据的位数可多可少。

顺序号字的作用如下：

1）便于对程序进行校对和检索修改。

2）用于加工过程中的显示屏显示。

3）便于程序段的复归操作，例如回到程序的中断处再开始操作。

4）主程序、子程序或宏程序中用于指明条件转向或无条件转向的目标。

（2）准备功能字 G　又称 G 功能或 G 指令，用来指定数控机床的加工方式和插补方式。G 指令分为模态指令（又称续效代码）和非模态指令（又称非续效代码）两类。模态指令在程序中一经使用便一直有效，直至出现同组中的其他任一 G 指令将其取代后才失效；非模态指令只在编有该代码的程序段中有效，下一程序段需要时必须重新指定。FANUC 0i 数控系统常用的 G 指令及功能见表 1-4。

表 1-4　FANUC 0i 数控系统常用的 G 指令及功能

指　　令	组	功　　能	说明（后续地址符）
G00	01	快速定位	X、Z
G01		直线插补	X、Z
G02		圆弧插补 CW（顺时针方向）	X、Z、I、K、R
G03		圆弧插补 CCW（逆时针方向）	X、Z、I、K、R
G04	00	暂停	U（P）
G20	06	寸制输入	
G21		米制输入	
G28	00	回参考点	X、Z
G29		由参考点返回	X、Z
G30		返回第二参考点	
G32	01	螺纹切削	X、Z、F、E
G40	07	刀尖半径补偿取消	
G41		刀尖半径左补偿	
G42		刀尖半径右补偿	
G50	00	设置坐标系或主轴最大速度	X、Z
G52		设置局部坐标系	
G53	14	选择机床坐标系	
G54		选择 1 号工件坐标系	
G55		选择 2 号工件坐标系	
G56		选择 3 号工件坐标系	
G57		选择 4 号工件坐标系	
G58		选择 5 号工件坐标系	
G59		选择 6 号工件坐标系	
G70	00	精加工循环	P、Q
G71		外圆粗车循环	X、Z、U、W、C、P
G72		端面粗车循环	Q、R、E
G73		仿形车削循环	U、W、R、S、T
G74		端面啄式钻孔循环指令	E、X、Z、W、I、K、D、F
G75		径向沟槽复合切削循环	E、X、Z、I、K、D、F
G76		螺纹切削复合循环	M、R

（续）

指　　令	组	功　　能	说明（后续地址符）
G90	01	外径/内径车削循环	X、Z、F
G92		螺纹车削循环	X、Z、R、F
G94		端面车削循环	X、Z、R、F
G96	12	恒表面切削速度控制	
G97		恒表面切削速度控制取消	
G98	05	每分钟进给	
G99		每转进给	

（3）坐标尺寸字　坐标尺寸字在程序段中主要用来指定数控机床的刀具到达的坐标位置。坐标尺寸字是由规定的地址符及后续的带正、负号或是带正、负号又有小数点的多位十进制数组成的。

（4）进给功能字 F　又称 F 功能或 F 指令，它的功能是指定数控机床刀具切削的进给速度，单位为 mm/min 或 mm/r。

（5）主轴转速功能字 S　又称 S 功能或 S 指令，主要用来指定数控机床的主轴转速或速度，单位为 r/min 或 m/min。

（6）刀具功能字 T　由地址符 T 和数字组成，具有选择、调用刀具的功能。FANUC 0i 系统中数控车床的刀具指令由地址符和四位数字组成，例如"T0101"，前两位数字为刀具号，后两位数字为刀具补偿号。刀具补偿包括刀具位置补偿和刀尖圆弧半径补偿。没有换刀功能的数控系统一般没有 T 功能。

（7）辅助功能字 M　表示数控机床的一些辅助动作的指令，由地址符 M 和后面的两位数字构成，共 100 种，为 M00～M99。FANUC 0i 数控系统常用的 M 指令见表 1-5。

表 1-5　FANUC 0i 数控系统常用的 M 指令

指　令	功　　能	指　令	功　　能
M00	程序停止	M07	打开 2 号切削液
M01	程序有条件停止	M08	打开 1 号切削液
M02	程序结束	M09	关闭切削液
M03	主轴正转	M30	程序结束并返回程序起点
M04	主轴反转	M98	子程序调用
M05	主轴停转	M99	子程序结束

（8）程序段结束符　表示一段程序结束，各个系统程序段的结束符不同，FANUC 0i 数控系统的程序段结束符为"；"。

4. 编程规则

（1）直径编程与半径编程　使用数控车床加工的工件多为横截面是圆的轴类零件，因此可将数控车床的系统参数设定为采用工件直径尺寸编程或半径尺寸编程。数控车床系统的出厂设置为直径编程，在编制与 X 轴有关的各项尺寸的程序时一定要用直径编程。

在直径编程中，直接取图样中轴类零件的直径值作为 X 轴的值。在半径编程中，取轴类零件横截面的中心线至外表面的距离值，即半径值作为 X 轴的值。

（2）绝对值编程、增量值编程和混合编程 编程时，既可采用绝对值编程，又可采用增量值编程，或是采用绝对值与增量值结合的混合编程。

1）绝对值编程。绝对值编程是根据预先设定的编程原点（工件坐标系原点）计算出工件轮廓基点或节点的绝对值坐标尺寸进行编程的一种方法。采用绝对值编程时，首先要找出编程原点的位置，并用地址符 X、Z 表示工件轮廓基点或节点的绝对坐标，然后进行编程。

2）增量值编程。增量值编程是根据相对于前一位置的坐标增量值来表示位置的一种编程方法，即程序中的终点坐标是相对于起点坐标而言的。采用增量值编程时，用地址符 U、W 代替 X、Z 进行编程。

FANUC 0i 数控系统中用地址符区分绝对值编程和增量值编程，即

绝对值编程：G00 X ___ Z ___；

增量值编程：G00 U ___ W ___；

3）混合编程。设定工件坐标系后，采用绝对值编程与增量值编程混合起来的方式进行编程的方法称为混合编程。进行数控编程时，是采用绝对值编程，还是增量值编程，或是混合编程，取决于数据处理的方便程度，例如 G00 X70.0 W-60.0；或 G00 U-40.0 Z30.0；。

根据知识链接中的内容，识读表 1-6 中的程序内容。

表 1-6 识读程序内容

程 序	说 明
O0001；	程序名
N10 T0101；	选择 1 号刀具，执行 1 号刀具偏置
N20 M03 S600；	主轴正转，转速为 600r/min
N30 G00 X52.0 Z2.0；	刀具快速移动到坐标点（52.0,2.0）处
N40 G01 X46.0 F0.2；	刀具沿 X 向进刀至坐标点（46.0,2.0）处，进给速度为 0.2mm/r
N50 G01 Z-30.0；	刀具沿 Z 向进刀至坐标点（46.0,-30.0）处，进给速度为 0.2mm/r
N60 G01 X52.0；	刀具沿 X 向退刀至坐标点（52.0,-30.0）处，进给速度为 0.2mm/r
N70 G00 Z2.0；	刀具沿 Z 向快速退刀至坐标点（52.0,2.0）处
N80 G00 X45.0；	刀具沿 X 向进刀至坐标点（45.0,2.0）处，进给速度为 0.2mm/r
N90 G01 Z-30.0 F0.1；	刀具沿 Z 向进刀至坐标点（45.0,-30.0）处，进给速度为 0.1mm/r
N100 G01 X52.0；	刀具沿 X 向退刀至坐标点（52.0,-30.0）处
N110 G00 X100.0 Z50.0；	刀具快速移动到坐标点（100.0,50.0）处
N120 M30；	程序结束

根据所学内容识读表 1-7 和表 1-8 所示程序，并写出其含义。

表 1-7　程序识读（一）

程　　序	说　　明
O0001；	
N10 T0101；	
N20 M03 S600；	
N30 G00 X52.0 Z2.0；	
N40 G01 X46.0 F0.2；	
N50 G01 Z-30.0；	
N60 G01 X52.0；	
N70 G00 Z2.0；	
N80 G00 X45.0；	
N90 G01 Z-30.0 F0.1；	
N100 G01 X52.0；	
N110 G00 X100.0 Z50.0；	
N120 M30；	

表 1-8　程序识读（二）

程　　序	说　　明
O0001；	
N10 T0101；	
N20 M03 S600；	
N30 G00 X52.0 Z2.0；	
N40 G01 U-6.0 F0.2；	
N50 G01W-32.0；	
N60 G01 X52.0；	
N70 G00 Z2.0；	
N80 G00 X45.0；	
N90 G01 W-32.0 F0.1；	
N100 G01 U7.0；	
N110 G00 X100.0 Z50.0；	
N120 M30；	

任务二　判定机床坐标轴

 任务描述

　　在编写数控加工程序的过程中，为了确定刀具与工件的相对位置，必须通过机床参考点和坐标系描述刀具的运动轨迹。为了便于编程时描述机床的运动，简化程序的编制方法，数

控机床的坐标系和运动的方向均已标准化。

在图 1-3 所示阶梯轴图样中绘出机床坐标系和工件坐标系。

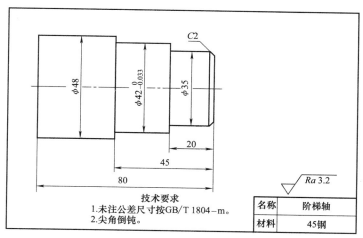

技术要求
1.未注公差尺寸按GB/T 1804—m。
2.尖角倒钝。

名称	阶梯轴
材料	45钢

图 1-3　阶梯轴

 **任务准备**

认真识读图 1-3 所示零件图样，并将读到的信息填入表 1-9。

表 1-9　图样信息

识 读 内 容	读到的信息
零件名称	
零件材料	
零件轮廓要素	
零件图中重要尺寸	
表面质量要求	
技术要求	

想一想

在操作数控机床前，为什么必须进行回参考点操作？在加工零件前，为什么必须进行对刀操作？

知识链接

一、数控车床标准坐标系

为了便于编程时描述机床的运动和空间位置，需要了解国家标准 GB/T 19660—2005《工业自动化系统与集成 机床数值控制坐标系和运动命名》中的规定内容。

1. 标准坐标系的规定

在数控机床上，机床的动作是由数控装置来控制的，为了确定机床上的成形运动和辅助运动，必须先确定机床上运动的方向和运动的距离，这需要一个坐标系才能实现，这个坐标系称为机床坐标系。

机床坐标系是一个笛卡儿坐标系，如图 1-4 所示，右手的大拇指、食指和中指保持相互垂直，拇指的方向为 X 轴的正方向，食指的方向为 Y 轴的正方向，中指的方向为 Z 轴的正方向。围绕 X、Y、Z 三个坐标轴的回转运动分别用 A、B、C 表示，其正方向用右手螺旋法则确定。与 $+X$、$+Y$、$+Z$、$+A$、$+B$、$+C$ 相反的方向用 $+X'$、$+Y'$、$+Z'$、$+A'$、$+B'$、$+C'$ 表示。

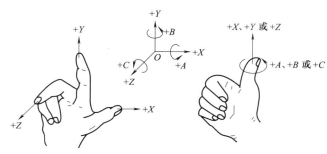

图 1-4　笛卡儿坐标系

2. 刀具相对于静止的工件而运动的原则

这一原则可使编程人员在编程时只需依据零件图样，便能确定机床加工过程，从而进行编程。该原则规定：假定工件是静止的，而刀具相对于静止的工件运动。如果在坐标轴命名时，把刀具看作相对静止不动，工件移动，那么工件移动的坐标轴就是 $+X'$、$+Y'$、$+Z'$ 等。

3. 运动部件正方向的规定

（1）Z 轴　首先要指定的轴就是 Z 轴。规定机床的主轴为 Z 轴，由它提供切削力。如果机床没有主轴（如数控刨床），则取 Z 轴为垂直于工件装夹表面方向。如果一台机床有多根主轴，则取常用的主轴为 Z 轴。

（2）X 轴　X 轴通常是水平轴，当车床为前置刀架时（图 1-5a），X 轴正方向向前，指向操作者；当车床为后置刀架时（图 1-5b），X 轴正方向向后，背离操作者。

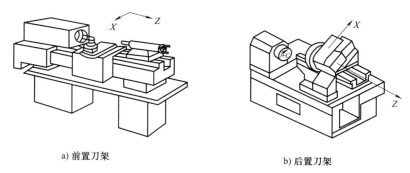

a) 前置刀架　　　　　　　　　　　　　　　　　b) 后置刀架

图 1-5　数控车床机床坐标系

（3）Y 轴　Y 轴垂直于 X、Z 轴，可根据 X、Z 轴的运动，按照笛卡儿坐标系确定 Y 轴。

（4）旋转坐标 A、B、C　A、B、C 分别表示其轴线平行于 X、Y、Z 轴的旋转坐标。A、B、C 的正方向是在相应的 X、Y、Z 坐标的正方向上，按照右手螺旋法则取右旋螺纹前进的方向。

二、机床坐标系

机床坐标系是以机床原点为坐标系原点建立起来的 ZOX 直角坐标系。

1. 机床原点

机床原点（又称机械原点）是机床坐标系的原点，是机床上的一个固定点，其位置是由机床设计和制造单位确定的，通常不允许用户对其进行更改。数控车床的机床原点一般为主轴回转中心与卡盘后端面的交点，如图1-6所示。

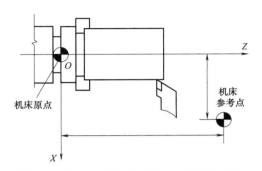

图 1-6　数控车床的机床原点与机床参考点

2. 机床参考点

机床参考点也是机床上的一个固定点，它通过机械挡块和电气装置来限制刀架移动的极限位置，其主要作用是给机床坐标系一个定位。如果每次开机后无论刀架停留在什么位置，系统都把当前位置设定成（0，0），就会造成基准的不统一。

数控车床在开机后首先要进行回参考点（或称回零点）操作。机床在通电之后，返回参考点之前，不论刀架处于什么位置，CRT 显示屏上显示的 Z 与 X 的坐标值均为 0。只有完成了回参考点操作后，刀架运动到机床参考点，CRT 显示屏上才显示刀架基准点在机床坐标系中的坐标值，即建立了机床坐标系。

三、数控车床工件坐标系

1. 工件坐标系

使用数控车床加工工件时，工件可以通过卡盘夹持于机床坐标系下的任意位置，这样在机床坐标系下编程就很不方便。因此编程人员在编写零件加工程序时通常要选择一个工件坐标系（又称编程坐标系），程序中的坐标值均以工件坐标系为依据。

FANUC 系统确定工件坐标系有以下三种方法：

1）通过对刀将刀具偏置量写入参数，从而获得工件坐标系。这种方法操作简单，可靠性好，可将刀具偏置量与机械坐标系紧密地联系在一起，只要不断电、不改变刀具偏置量，工件坐标系就会存在且不会变。即使断电，重启机床后，刀架回参考点，工件坐标系仍在原来的位置。

2）用 G50 指令设定坐标系，对刀后将刀具移动到 G50 指令设定的位置才能进行加工。对刀时先对基准刀具，其他刀具的刀具偏置量都是相对于基准刀具的。

3）通过 MDI 键盘设置参数，运用 G54～G59 指令可以设定六个坐标系，该坐标系是相对于参考点不变的，与刀具无关。这种方法适用于批量生产且工件在卡盘上有固定装夹位置的零件的加工。

2. 工件原点

工件坐标系的原点就是工件原点。选择工件原点时，最好将工件原点设置在工件图样中的尺寸能够方便地转换成坐标值的位置。车床工件原点一般设置在主轴中心线上工件的右端面或左端面，如图 1-7 所示。

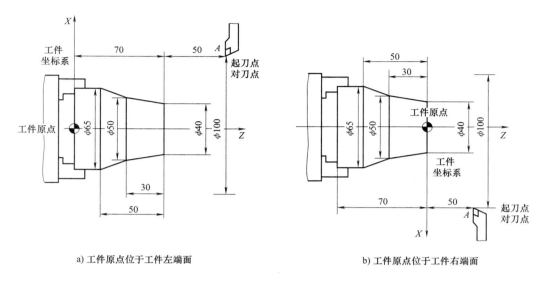

a) 工件原点位于工件左端面   b) 工件原点位于工件右端面

图 1-7　数控车床工件坐标系及工件原点位置

工件原点的一般选用原则如下：

1）工件原点选在工件图样的尺寸基准上，这样可以直接使用图样标注的尺寸作为编程点的坐标值，减少计算工作量。

2）能方便工件的装夹、测量和检验。

3）工件原点尽量选在尺寸精度较高的工件表面上，这样可以提高工件的加工精度和同一批零件的一致性。

4）对于有对称形状的几何零件，工件原点最好选在对称中心上。

▶ **任务实施**

在图 1-3 所示零件图样上绘出机床原点、工件原点和工件坐标系。

1）绘制机床原点，如图 1-8 所示。

2）绘制工件原点，如图 1-9 所示。

3）绘制工件坐标系，如图 1-10 所示。

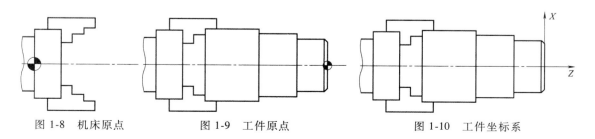

图 1-8　机床原点　　　　　　图 1-9　工件原点　　　　　　图 1-10　工件坐标系

试一试

在图 1-11 所示光轴图样上绘出机床原点、工件原点和工件坐标系。

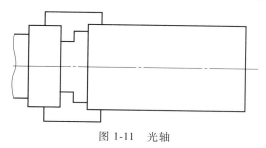

图 1-11　光轴

▶ 任务拓展

现有图 1-12 所示短锥轴零件，要在数控机床上完成零件的加工，则其编程起点应设置在哪里？请在图样上绘出，同时建立工件坐标系。

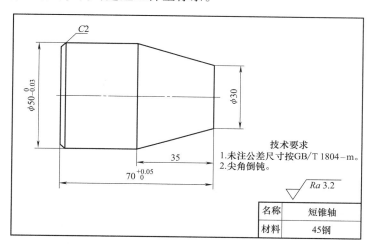

图 1-12　短锥轴

任务三　认识宇龙仿真软件

▶ 任务描述

识读下列数控加工程序，并将其输入到仿真系统中。

O0001；

N10 T0101；

N20 M03 S600；

N30 G00 X52.0 Z2.0；

N40 G01 X46.0 F0.2；

N50 G01 Z-30.0；

N60 G01 X52.0；

N70 G00 Z2.0；

N80 G00 X45.0；

N90 G01 Z-30.0 F0.1；

N100 G01 X52.0；

N110 G00 X100.0 Z50.0；

N120 M05；

N130 M30；

 知识链接

　　数控加工仿真系统是基于虚拟现实的仿真软件。20世纪90年代初源自美国的虚拟现实技术在提升传统产业层次，挖掘传统产业潜力方面起到了巨大的作用。虚拟现实技术在改造传统产业上的价值体现在多个方面，包括用于产品的设计与制造，可以降低成本，避免新产品开发的风险；用于产品演示，借助多媒体手段直观、全面地展示产品可利用虚拟设备来增强操作的熟练程度。

　　本书介绍的仿真软件是由上海宇龙软件工程有限公司研制开发的数控加工仿真软件，该软件对国内外常用的FANUC、SIMENS等数控系统，可以实现对数控铣削和数控车削加工全过程的仿真，包括机床选择，毛坯定义，夹具、刀具定义域选择，零件基准测量和设置，数控程序输入、编辑和调试，加工仿真以及各种错误检测功能。

　　1. 登录宇龙仿真软件

　　双击"数控加工仿真系统"桌面图标▉，进入宇龙数控加工仿真软件登录界面，如图1-13所示，可以采用"快速登录"方式进入数控加工仿真系统。

　　2. 数控系统仿真面板操作

　　宇龙数控加工仿真系统的数控机床操作面板由CRT/MDI面板和机床操作面板两部分组成，如图1-14所示。这里，我们选择FANUC 0i数控系统来说明数控加工仿真系统的操作方

图1-13　宇龙数控加工仿真软件登录界面

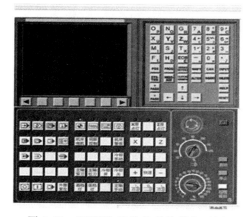

图1-14　FANUC 0i数控系统操作面板

式，下文中如果没有特别说明，都是指 FANUC 0i 数控系统。CRT/MDI 面板由模拟 CRT 显示区和 MDI 键盘构成（上半部分），用于显示和编辑机床控制器内部的各类参数和数控程序；机床操作面板（下半部分）则由若干操作按钮组成，用于直接对仿真机床系统进行激活、回零、控制和状态设定等操作。

3. 机床准备

机床准备是指进入数控加工仿真系统后，利用机床操作面板，对机床进行释放急停、启动机床驱动和各轴回参考点等操作的过程。进入本仿真系统后，即为实际机床中的准备开机的状态。

（1）激活机床　检查急停按钮是否为松开状态，若未松开，按急停按钮，将其松开。按下机床操作面板上的"启动"按钮，加载驱动，当"机床电机"按钮和"伺服控制"按钮指示灯亮时，表示机床已被激活。

（2）机床回参考点　依次按"启动"按钮，急停按钮，"回参考点"按钮，机床操作面板上的"X 轴选择"按钮，指示灯变亮，再按"正方向移动"按钮，此时 X 轴将回参考点，变亮，CRT 显示区上的 X 坐标变为"390.00"。同样，按"Z 轴选择"按钮，指示灯变亮，再按"正方向移动"按钮，Z 轴将回参考点，变亮，此时界面如图 1-15 所示。

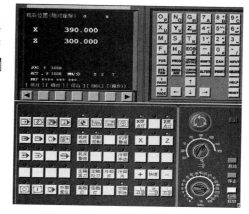

图 1-15　机床回参考点状态界面

4. 数控程序处理

（1）显示数控程序目录

1）在机床操作面板上按"编辑"按钮，进入编辑状态。

2）按 MDI 键盘上的"程序"功能键，进入程序编辑状态。

3）再按［LIB］软键，经过 DNC 传送的全部数控程序名显示在 CRT 显示器上。

（2）选择一个数控程序　具体操作步骤如下：

1）按机床操作面板上的"编辑"按钮或"自动运行"按钮。

2）在 MDI 输入域输入文件名 O××××。

3）按 MDI 键盘上的光标移动键，即可从数控系统中打开列表中的一个数控程序。

4）打开后，"O××××"显示在显示区中部偏上方，右上角显示首行程序编号位置，如果是程序编辑状态，NC 程序将显示在屏幕上。

（3）删除一个数控程序　具体操作步骤如下：

1）按机床操作面板上的"编辑"按钮，进入编辑状态。

2）按 MDI 键盘上的"程序"功能键，进入程序编辑界面。

3）将显示光标停在当前文件名上，按 MDI 键盘上的"删除"功能键，该程序即被删除；或者按 MDI 键盘上的地址功能键，输入字母"O"，再按数字功能键，输入要删除的程序号××××，按 MDI 键盘上的"删除"功能键，选中程序即被删除。

（4）新建一个 NC 程序　在操作数控机床时，常需要操作者直接用 MDI 键盘输入数控程序，具体操作步骤如下：

1）按机床操作面板上的"编辑"按钮，进入编辑状态。

2）按 MDI 键盘上的"程序"功能键，进入程序编辑状态。

3）按 MDI 键盘上的地址功能键，输入字母"O"，再按要创建的程序名数字功能键，但不可以与已有的程序号重复。

4）按 MDI 键盘上的"插入"功能键，新的程序文件名被创建，此时在输入域中，可开始输入程序。

5）在 FANUC 0i 数控系统中，每输入一个程序段（包括结束符），按一次"插入"功能键，输入域中的内容将显示在 CRT 显示区，也可一个代码一个代码地输入。

注：MDI 键盘上的地址和数字功能键，配合"切换"功能键，可输入字母和数字功能键右下角显示的第二功能字符。另外，按 MDI 键盘的"插入"功能键，被插入的字符将显示在光标字符后。

（5）删除全部数控程序

1）按机床操作面板上的"编辑"按钮，进入编辑状态。

2）按 MDI 键盘上的"程序"功能键，进入程序编辑界面。

3）按 MDI 键盘上的地址功能键，输入字母"O"；按 MDI 键盘上的功能键，输入"—"；按 MDI 键盘上的数字功能键，输入"9999"；按 MDI 键盘上的"删除"功能键即可删除全部数控程序。

5. 数控程序编辑

（1）修改程序 打开一个编制好的程序，在机床操作面板中按"编辑"按钮，在 MDI 键盘上按"程序"功能键，进入程序编辑状态，界面如图 1-16 所示。

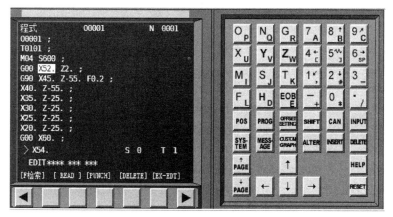

图 1-16 程序编辑界面

（2）移动光标 按 MDI 键盘上的翻页功能键，按 MDI 键盘上的光标移动功能键，移动光标。

（3）插入字符 先将光标移到所需位置，按 MDI 键盘上的地址和数字功能键，将指令输入到输入域中，按"插入"功能键，把输入域中的内容插入到光标所在指令的后面。

（4）删除输入域中的数据 MDI 键盘上的"取消"功能键用于删除输入域中的数据。

（5）删除字符　先将光标移到所需删除字符的位置，按 MDI 键盘上的"删除"功能键，删除光标所在位置的字符。

（6）查找　输入需要搜索的字母或指令，按 MDI 键盘上的光标移动功能键，开始在当前数控程序中光标所在位置后进行搜索。可以查找一个字母或一个完整的指令，例如"N0010""M"等。如果此数控程序中有所搜索的字母或指令，则光标停留在找到的字母或指令处；如果此数控程序中光标所在位置后没有要搜索的字母或指令，则光标停留在原处。

（7）替换　先将光标移到所需替换字符的位置，将替换成的字符通过 MDI 键盘输入到输入域中，按 MDI 键盘上的"替换"功能键，即可用输入域的内容替代光标所在位置的指令。

6. MDI 工作模式

1）按机床操作面板上的"手动数据输入"（MDI）按钮，机床切换到 MDI 状态，可进行 MDI 操作。

2）在 MDI 键盘上按"程序"功能键，进入手动数据输入（MDI）工作模式，可直接编辑指令。

3）在 MDI 输入域中写入数据指令，通过按 MDI 键盘上的地址和数字功能键，构成字符和指令显示，可以对其进行"取消""插入""删除"等修改操作。

4）按 MDI 键盘上的"取消"功能键，删除输入域中的数据。

5）按 MDI 键盘上的"插入"功能键，将输入域中的内容输入到指定位置。

6）按 MDI 键盘上的"复位"功能键，已输入的 MDI 程序被清空。

7）输入完整数据指令后，按机床操作面板上的"循环启动"按钮，运行指令代码。

注：运行结束后 CRT 显示区中的数据被清空。可重复输入多个指令，若重复输入同一指令，后输入的数据将覆盖之前输入的数据，重复输入 M 指令也会覆盖之前输入的指令。

▶ 任务实施

1. 识读程序

O0001；
N10 T0101；
N20 M03 S600；
N30 G00 X52.0 Z2.0；
N40 G01 X46.0 F0.2；
N50 G01 Z-30.0；
N60 G01 X52.0；
N70 G00 Z2.0；
N80 G00 X45.0；
N90 G01 Z-30.0 F0.1；
N100 G01 X52.0；
N110 G00 X100.0 Z50.0；

N120 M05；

N130 M30；

2．输入程序

（1）建立程序名 具体操作步骤如下：

1）按机床操作面板上的"编辑"按钮▨，进入编辑状态。

2）按 MDI 键盘上的"程序"功能键▥。

3）按 MDI 键盘上的地址功能键▥并输入程序号"0001"。

4）按 MDI 键盘上的"插入"功能键▥。

5）按 MDI 键盘上的"结束"功能键▥，显示结束符号"；"。

6）按 MDI 键盘上的"插入"功能键▥。

（2）输入程序 具体操作步骤如下：

1）按 MDI 键盘上的地址功能键"N"，按数字功能键"1""0"，按地址功能键"T"，按数字功能键"0""1""0""1"。

2）按 MDI 键盘上的"结束"功能键，显示结束符"；"。

3）按 MDI 键盘上的"插入"功能键。

4）按以上的输入方式，每输入一行指令字后，按一下 MDI 键盘上的"结束"功能键，直至程序全部输入完成。

5）按 MDI 键盘上的"复位"功能键▥，光标返回程序起点。

3．程序检查与修改

对照程序单，逐行检查输入程序的对错，并将错误逐一改正。

试一试

将下列程序输入到宇龙仿真软件中。

O0001；

N10 T0101；

N20 M03 S600；

N30 G00 X52.0 Z2.0；

N40 G01 U-6.0 F0.2；

N50 G01W-32.0；

N60 G01 X52.0；

N70 G00 Z2.0；

N80 G00 X45.0；

N90 G01 Z-30.0 F0.1；

N100 G01 X52.0；

N110 G00 X100.0 Z50.0；

N120 M05；

N130 M30；

根据所学内容识读表 1-10 所示程序，写出程序含义，并将程序输入到数控系统中。

表 1-10　程序及含义

程　　　序	含　　义
O0001；	
T0101；	
M03 S1000；	
G00 X42.0 Z2.0 M08；	
G01 X36.0 F0.2；	
G01 Z-25.0；	
G01 X42.0；	
G00 Z2.0；	
G01 X32.0；	
G01 Z-25.0；	
G01 X42.0；	
G00 Z2.0；	
G01 X28.0；	
G01 Z-25.0；	
G01 X42.0；	
G00 Z2.0；	
G01 X24.0；	
G01 Z-25.0；	
G01 X42.0；	
G00 Z2.0；	
G01 X20.0；	
G01 Z-25.0；	
G01 X42.0；	
G00 Z2.0；	
M05；	
M30；	

轴类零件车削加工程序编制与调试

轴类零件是生产中经常遇到的典型零件之一（图 2-1），主要用来支承传动零部件、传递转矩和承受载荷。

轴类零件通常由端面、台阶、锥面、圆弧面、倒角、沟槽和螺纹等组成。本项目重点研究圆柱面、阶梯、端面、锥面、圆弧面的数控加工程序编制与仿真加工。

图 2-1　连接轴

模块一　短轴车削加工程序编制与调试

 学习目标

1. 会识读短轴零件图
2. 会选择合适短轴的加工工艺并确定工艺参数
3. 能正确选择短轴件车削刀具
4. 能使用指令编制简单轮廓加工程序
5. 会使用子程序进行编程
6. 能对程序进行调试

学习导入

车削端面和外圆，在机械加工中是一项最基本的技能，同时端面和外圆也是一个零件最基本的组成，而端面车削是车削加工中的一项基本技能。本模块重点介绍编制简单轮廓加工程序的基本指令，灵活运用多种指令编制加工程序。

任务一　端面车削加工编程与调试

▶ 任务描述

在数控车床上加工图 2-2 所示短轴，要求选择合适的走刀路线及刀具，确定工艺参数，编写零件加工程序，并在仿真软件中调试程序。毛坯尺寸为 $\phi50mm \times 62mm$，其中 $\phi50mm$ 的外圆已加工到尺寸。

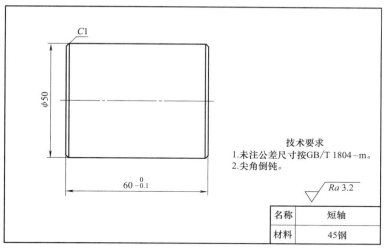

技术要求
1.未注公差尺寸按GB/T 1804−m。
2.尖角倒钝。

$\sqrt{Ra\,3.2}$

名称	短轴
材料	45钢

图 2-2　短轴零件图

1. 识读零件图

本任务为车削圆柱端面。认真识读图 2-2 所示零件图样，并将读到的信息填入表 2-1。

表 2-1　图样信息

识 读 内 容	读到的信息
零件名称	
零件材料	
零件轮廓要素	
零件图中重要尺寸	
表面质量要求	
技术要求	

2. 选择刀具

本任务选择的刀具为 93°外圆车刀和 45°外圆车刀。

一、指令介绍

1. 快速点定位指令 G00

G00 指令使刀具以点定位控制方式从刀具当前所在点快速移动到指令给出的目标位置。

（1）指令格式

G00 X（U）＿＿　Z（W）＿＿；

其中，X 、Z 为刀具终点（目标点）绝对坐标；U 、W 为刀具终点相对于起点的增量坐标。

（2）指令说明

1）G00 指令为模态指令。该指令是快速定位，而无运动轨迹要求，且无切削加工过程，一般用于加工前的快速定位或加工后的快速退刀。

2）G00 指令的移动速度不能用程序指令设定，而是通过机床系统参数预先设置的，移动速度可由机床面板上的快速进给倍率开关进行调节。

3）G00 指令的执行过程：刀具由程序起始点加速到最大速度，然后快速移动，最后减速到终点，实现快速定位。

4）刀具的实际运动路线是折线，在使用 G00 指令时，必须注意刀具是否和工件及夹具发生干涉。

2. 直线插补指令 G01

G01 指令是直线移动命令，规定刀具在两坐标或三坐标点间以插补联动方式按指定的进给速度做任意斜率的直线运动。

（1）指令格式

G01 X（U）＿＿　Z（W）＿＿　F ＿＿；

其中，X、Z 为刀具终点绝对坐标；U、W 为刀具终点相对于起点的增量坐标；F 为刀具切削进给速度，单位可以是 mm/min，也可以是 mm/r。

（2）指令说明

1）G01 指令为模态指令，程序段中必须含有 F 指令，进给速度由 F 指令指定，F 指令也是模态指令，第一次出现的 G01 指令的程序段中必须有 F 指令，否则机床不运动。

2）程序中的 F 指令（进给速度）在没有新的 F 指令以前一直有效，不必在每个程序段中都指定相同的 F 指令。

二、对刀点、换刀点和刀位点

1. 对刀点

对刀点（又称起刀点）是指在数控车床上加工零件时，刀具相对零件做切削运动的起始点。对刀点位置的选择原则如下：

1）尽量与工件的尺寸设计基准或工艺基准相一致。

2）尽量使加工程序的编制工作简单、方便。

3）便于用常规量具和测量仪在机床上进行找正。

4）该点的对刀误差应较小或可能引起的加工误差为最小。

5）尽量使加工程序中的引入（或返回）路线短，便于换（转）刀。

6）应选择在与机床的机械间隙状态（消除或保持最大间隙方向）相适应的位置上，避免在执行自动补偿时造成"反补偿"。

7）必要时，对刀点可设定在工件的某一要素或其延长线上，或设定在与工件定位基准有一定坐标关系的夹具的某个位置上。

2. 换刀点

换刀点是指刀架转位换刀时的位置。换刀点的位置可设定在程序原点、机床固定原点或浮动原点上，其具体的位置应根据工序内容而定。

3. 刀位点

刀位点是指在加工程序编制中用以表示刀具特征的点。常用车刀的刀位点如图 2-3 所示。

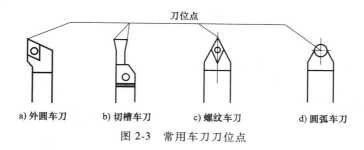

a) 外圆车刀　　b) 切槽车刀　　c) 螺纹车刀　　d) 圆弧车刀

图 2-3　常用车刀刀位点

1. 分析工艺

本任务中需要加工短轴的两个端面，同时还要控制其总长为 $60_{-0.1}^{0}$ mm，零件材料为 45 钢，毛坯尺寸为 $\phi50$ mm×62mm，无热处理和硬度要求。通过分析，可以采用以下两点工艺措施：

1）根据图样上给定的尺寸，编程时全部采用公称尺寸。

2）为了便于确定短轴的总长，应先车削毛坯的左端面，再夹持工件左端进行右端面的加工。

2. 编制加工程序

加工程序可参考表 2-2。

表 2-2　车削短轴左端面参考程序

程　序	说　明
O0001；	程序名
N10 T0101；	选择 1 号刀具，执行 1 号刀具偏置
N20 M03 S600；	主轴正转，转速为 600r/min
N30 G00 X52.0 Z2.0；	刀具快速移动到坐标点（52.0,2.0）处
N40 G01 Z0.0 F0.2；	刀具沿 Z 向进刀至坐标点（52.0,0.0）处，进给速度为 0.2mm/r
N50 G01 X-1.0；	刀具沿 X 向进刀至坐标点（-1.0,0.0）处，进给速度为 0.2mm/r
N60 G01 X48.0；	刀具沿 X 向退刀至坐标点（48.0,0.0）处，进给速度为 0.2mm/r
N70 G01 X52.0 Z-1.0；	刀具移动至坐标点（52.0,-1.0）处，进给速度为 0.2mm/r
N80 G00 X60.0；	刀具快速运动至坐标点（60.0,-1.0）处
N90 G00 Z5.0；	刀具快速运动至坐标点（60.0,5.0）处
N100 M05；	主轴停止
N110 M30；	程序结束

3. 加工零件左端

（1）登录宇龙数控加工仿真软件　双击"数控加工仿真系统"桌面图标进入仿真软件

登录界面，可采用"快速登录"方式进入数控加工仿真系统。

（2）选择机床　选择菜单栏中的"机床"→"选择机床"命令，弹出"选择机床"对话框，在"控制系统"选项区域中选中 FANUC 单选按钮，并在列表框中选择 FANUC 0i 系统，在"机床类型"选项区域中选中"车床"单选按钮，并单击"确定"按钮，进入图2-4所示界面。

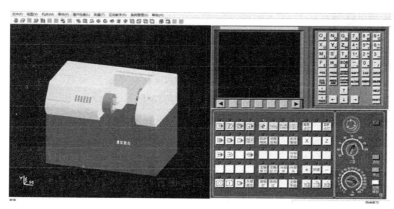

图 2-4　选择机床

（3）机床回参考点操作　按下机床操作面板上的"启动"按钮，松开机床急停按钮。按机床操作面板上的"返回参考点"按钮，按机床操作面板上的"X 轴选择"按钮，指示灯变亮，按"正方向移动"按钮，此时 X 轴将回参考点，"X 原点灯"按钮，指示灯变亮，CRT 显示区上的 X 坐标变为"390.00"。同样，按"Z 轴选择"按钮，指示灯变亮，按"正方向移动"按钮，Z 轴将回原点，"Z 原点灯"按钮指示灯变亮，此时界面如图 2-5 所示。

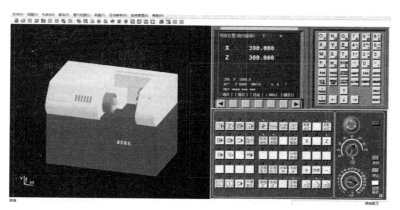

图 2-5　数控车床回参考点界面

（4）安装零件　选择菜单栏中的"零件"→"定义毛坯"命令，弹出"定义毛坯"对话框，如图 2-6 所示，在"定义毛坯"对话框中改写零件尺寸，设置直径为 50mm，长度为 62mm，单击"确定"按钮。选择"零件"→"放置零件"命令，在图 2-7 所示的"选择零件"对话框中选择名称为"毛坯 1"的零件，并单击"安装零件"按钮，界面上出现控制零件移动的小键盘，如图 2-8 所示，可以通过小键盘左右移动零件，使毛坯的伸出端满足加工零件的长度要求。毛坯的伸出长度可通过"零件"→"测量"命令进行调整。单击小键盘上的"退出"按钮，关闭小键盘，由此零件已安装在数控车床的自定心卡盘上了。

图 2-6　"定义毛坯"对话框

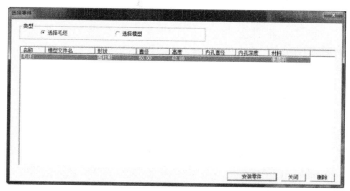

图 2-7　"选择零件"对话框

（5）安装刀具　选择"机床"→"刀具选择"命令，弹出图 2-9 所示"刀具选择"对话框，根据加工方式选择所需的刀片和刀杆，单击"确定"按钮后完成刀具的安装，如图2-10所示。

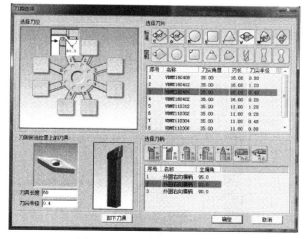

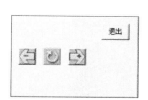

图 2-8　移动零件小键盘

图 2-9　"刀具选择"对话框

图 2-10　刀具的安装

（6）对刀操作　数控加工一般按工件坐标系编程，对刀的过程就是建立工件坐标系与机床坐标系之间关系的过程。下面具体说明数控车床对刀的方法。本例是将工件右端面中心点设为工件坐标系原点。将工件上其他点设为工件坐标系原点的对刀方法与此方法类似。

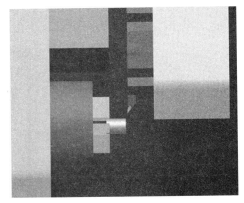

图 2-11　刀具移动到接近工件的位置

1）X 向对刀。按机床操作面板上的"手动"按钮，手动状态指示灯变亮，机床进入手动操作模式；按机床操作面板上的"X 轴选择"按钮，使 X 轴方向移动指示灯变亮；按正方向或负方向移动按钮 + 或 −，使刀具在 X 轴方向移动。依照同样操作方式使刀具在 Z 轴方向移动。通过手动方式将刀具移到图 2-11 所示位置。

按机床操作面板上的主轴控制按钮或，使其指示灯变亮，主轴转动。再按"Z 轴选择"按钮，使 Z 轴方向指示灯变亮，按"负方向移动"按钮 −，用所选刀具来试切工件外圆。然后按"正方向移动"按钮 +，X 方向保持不动，刀具退出。测量切削位置的直径，按机床操作面板上的主轴"停止"按钮，使主轴停止转动。选择菜单栏中的"测量"→"剖视图测量"命令，在图 2-12 所示的"车床工件测量"对话框中，单击试切外圆时所切线段，选中的线段由红色变为黄色。记下下半部对话框中对应的 X 的值（即直径 α）。

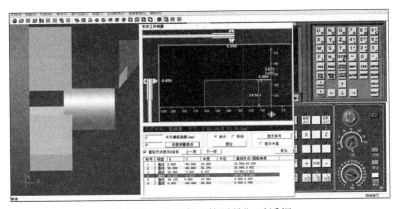

图 2-12　"车床工件测量"对话框

按 MDI 键盘上的"参数补偿"功能键，进入刀具形状补偿参数设定界面，将光标移到与刀位号相对应的位置，输入"Xα"，按 [测量] 软键（图 2-13），自动输入对应的刀具偏移量。

2）Z 向对刀。试切工件端面，把端面在工件坐标系中 Z 的坐标值记为 β（此处以工件端面中心点为工件坐标系原点，则 β 为 0）。保持 Z 轴方向不动，刀具退出。

按 MDI 键盘上的"参数补偿"功能键，按 [补正] 和 [形状] 软键，进入刀具形状补偿参数设定界面，将光标移到相应的位置，输入"Z0"，按 [测量] 软键（图 2-14），自动输入对应的刀具偏移量。

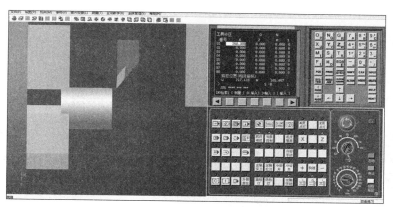

图 2-13　设置 X 向刀具偏移量

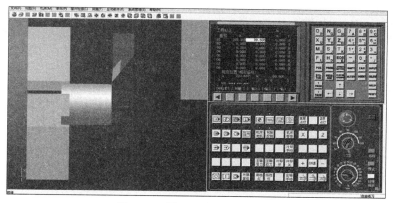

图 2-14　设置 Z 向刀具偏移量

（7）输入数控程序　将下列数控程序输入到数控加工仿真系统中，CRT 显示区界面如图 2-15 所示。

O0001；

N10 T0101；

N20 M03 S600；

N30 G00 X52.0Z2.0；

N40 G01 Z0.0 F0.2；

N50 G01 X-1.0；

N60 G01 X48.0；

N70 G01 X52.0 Z-1.0；

N80 G00 X60.0；

N90 G00 Z5.0；

N100 M05；

N110 M30；

（8）检查运行轨迹　程序输入完成后，可检查运行轨迹（图 2-16）。按机床操作面板上的"自动运行"按钮，指示灯变亮，转入自动加工模式。按 MDI 键盘上的"程序"功能

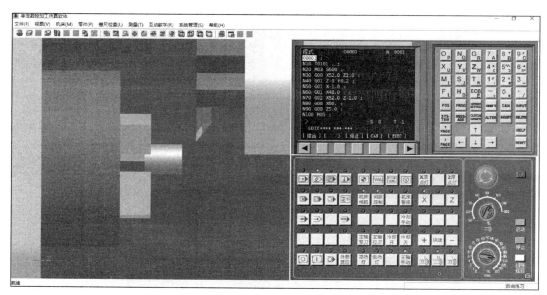

图 2-15　输入数控程序

键 **PROG** ，按地址和数字功能键，输入"O×"（×为需要检查运行轨迹的数控程序号），按
MDI 键盘上的光标移动功能键 **↓** 开始搜索，完成后，程序显示在 CRT 显示区。按 MDI
键盘上的"轨迹"功能键 **GRAPH** ，数控加工仿真系统进入检查运行轨迹模式，按机床操作
面板上的"循环启动"按钮 **□** ，即可观察数控程序的运行轨迹。同时也可通过"视图"
菜单中的"动态旋转""动态放缩""动态平移"等方式对三维运行轨迹进行全方位的
动态观察。

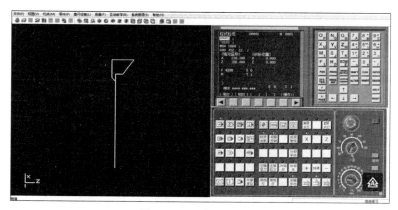

图 2-16　程序运行轨迹

（9）自动加工　按机床操作面板上的"循环启动"按钮 **□** ，完成零件的自动运行加工
（图 2-17）。

4. 加工零件右端面

完成了工件左端面的加工，接下来试着完成工件右端面的仿真加工，并控制总长，保证
$60_{-0.1}^{\ 0}$ mm 的尺寸精度。

（1）调头装夹　选择菜单栏中的"零件"→"移动零件"命令，弹出控制零件移动的

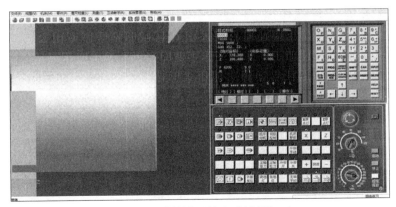

图 2-17　零件端面的自动运行加工

面板，单击按钮 ⟳ ，完成零件的调头装夹，如图 2-18 所示。

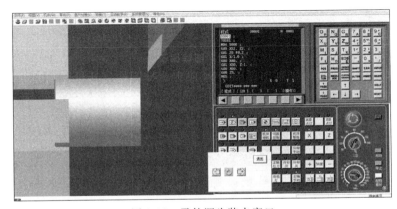

图 2-18　零件调头装夹窗口

（2）控制总长

1）Z 向对刀，设置刀具偏置参数。

2）测量零件长度。选择菜单栏中的"测量"→"剖视图测量"命令，弹出"车床工件测量"对话框，记录零件的实际长度（60.301mm），如图 2-19 所示。

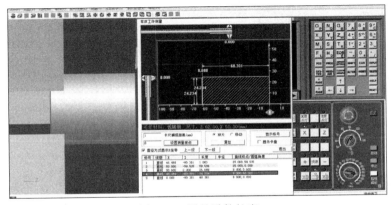

图 2-19　测量零件长度

按 MDI 键盘上的"参数补偿"功能键 ，CRT 显示区为"工具补正/磨耗"界面，在"番号 01"行"Z"处输入"－0.351"，如图 2-20 所示。

3）按机床操作面板上的"循环启动"功能键，完成零件右端面的加工，如图 2-21 所示。

4）零件检测。选择菜单栏中的"测量"→"剖视图测量"命令，弹出"车床工件测量"对话框（图 2-22），观察长度尺寸是否在公差要求范围内。

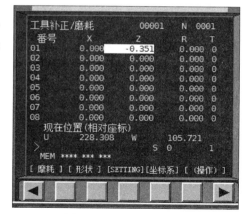

图 2-20　设置长度磨耗

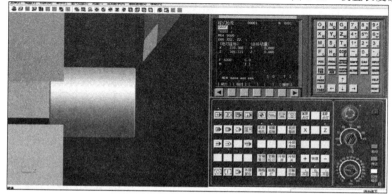

图 2-21　加工零件右端面

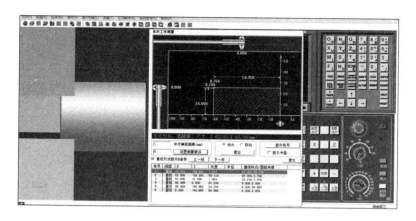

图 2-22　检测零件

 试一试

试在数控车床上对图 2-23 所示零件进行加工，毛坯尺寸为 $\phi 55\text{mm} \times 65\text{mm}$，材料为 45 钢。将编写的加工程序填入表 2-3 中，并在仿真软件中调试程序。

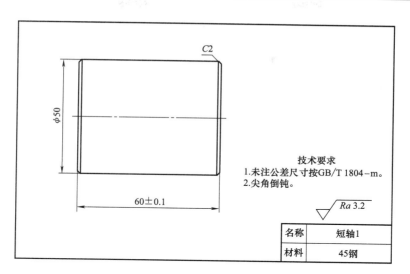

图 2-23　短轴 1

表 2-3　短轴 1 加工程序

程　　序	说　　明

任务二　外圆柱面车削加工编程与调试

　任务描述

　　现有图 2-24 所示台阶轴，要求选择合适的走刀路线及刀具，确定工艺参数，编写零件加工程序，并在仿真软件中调试程序。毛坯尺寸为 $\phi50\text{mm}\times80\text{mm}$。

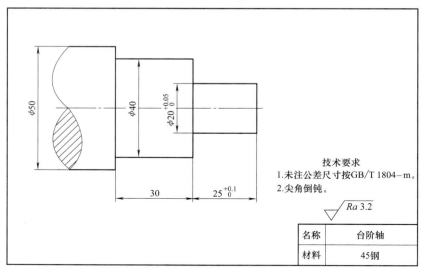

图 2-24　台阶轴

1. 识读零件图

本任务为车削外圆柱面。认真识读图 2-24 所示零件图样，并将读到的信息填入表 2-4。

表 2-4　图样信息

识 读 内 容	读 到 的 信 息
零件名称	
零件轮廓要素	
零件图中重要尺寸	

2. 选择刀具

本任务选择的刀具为 93° 外圆车刀。

一、指令介绍

数控车床加工的工件的毛坯常为精车前粗车的棒料、铸件或锻件，因此加工余量比较大，一般需要多次重复的循环加工，才能去除全部的余量。为了简化编程，数控系统提供了不同形式的固定循环功能。固定循环通常是采用 G 代码的程序段或用多个程序段指令的加工操作，使程序得以简化。固定循环一般分为单一形状的固定循环和复合形状的固定循环。

单一形状的固定循环指令（G90、G94）的循环过程包括一系列连续加工动作。四个动作仅用一个循环指令完成，使程序得以简化。

1. 外圆（内孔）切削循环指令 G90

（1）指令格式

G90 X（U）＿ Z（W）＿ F ＿；

其中，X（U）、Z（W）为切削循环中进给路线终点处的坐标；

F 为切削循环过程中的进给速度。

（2）指令说明

1）在固定循环指令加工过程中，程序段中的 M、S、T 功能都不能改变；如需改变，必须在 G00 或 G01 指令下变更，然后再指定固定循环指令。

2）G90 循环指令每一次切削加工结束后，刀具都会返回循环起始点。G90 循环指令第一步移动为 X 方向移动。

3）图 2-25 所示为 G90 循环指令的车削循环过程，即刀具的运动轨迹，刀具从起始点 A 出发，以 G00 的速度快速移动到点 B，以 F 指令的进给速度切削工件到达点 C，然后以 F 指令的速度退刀至点 D，最后以 G00 的速度快速退回到循环的起始点 A 处。

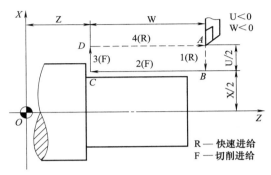

图 2-25　外圆切削循环刀具运动轨迹

2. 端面切削循环指令 G94

（1）指令格式

G94 X（U）＿ Z（W）＿ F ＿；

其中，X（U）、Z（W）为切削循环中进给路线终点处的坐标；F 为切削循环过程中的进给速度。

（2）指令说明

1）G94 循环指令的特点是选用刀具的端面切削刃作为主切削刃，以车端面的方式进行循环加工。G90 指令与 G94 指令的区别在于 G90 指令是在工件的轴向进行分层粗加工（图 2-26），而 G94 指令是在工件的径向进行分层粗加工（图 2-27）。

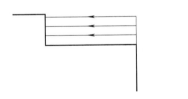

图 2-26　外圆（内孔）切削循环指令 G90

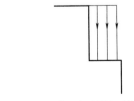

图 2-27　端面切削循环指令 G94

2）图 2-28 所示为端面切削循环刀具运动轨迹，刀具从起始点 A 出发，以 G00 的速度 Z 向快速移动到点 B，以 F 指令的进给速度切削工件到达点 C，然后以 F 指令的速度退刀至点 D，最后以 G00 的速度快速退回到循环的起始点 A 处。

二、基点与节点

1. 基点

任何一个零件的轮廓都是由不同的几何元

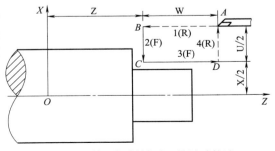

图 2-28　端面切削循环刀具运动轨迹

素（直线、圆弧及曲线等）组成的，运用数控车床的数控系统进行编程时，首先会计算各几何元素之间的交点坐标。各个元素间的连接点称为基点，例如直线与直线的交点、直线与圆弧的交点或切点、圆弧与圆弧的交点与切点等。图 2-29 中的点 A、B、C、D、E 即为基点。基点的坐标是编程中的主要数据。一般来说，基点的坐标根据图样给定的尺寸，利用一般的解析几何或三角函数关系可求得。

2. 节点

一般来说，数控系统都具有直线和圆弧插补功能，当零件的轮廓为非圆曲线时，常用直线段或圆弧段等去逼近实际轮廓曲线，逼近直线或逼近圆弧与非圆曲线的交点或切点称为节点。图 2-30 所示的曲线 PE 用直线段逼近时，其交点 A、B、C、D 就是节点。节点的计算比较复杂，方法也很多，是手工编程的难点。有条件时应尽可能借助于计算机来完成，以减少计算误差，并减轻编程人员的工作量。

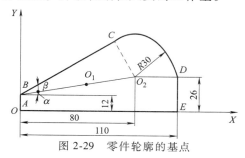

图 2-29　零件轮廓的基点

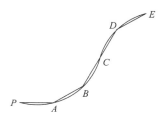

图 2-30　零件轮廓的节点

一般称基点和节点为切削点，即刀具切削部位必须切到的点。

3. 计算基点常用的公式

计算基点常用的数学计算公式见表 2-5。

表 2-5　计算基点常用的公式

图　　示	直角边 a	直角边 b	斜边 c
	$a = \sqrt{c^2 - b^2}$	$b = \sqrt{c^2 - a^2}$	$c = \sqrt{a^2 + b^2}$
	$a = b\tan\alpha$	$b = \dfrac{a}{\tan\alpha}$	$c = \dfrac{a}{\sin\alpha}$
	$a = c\sin\alpha$	$b = c\cos\alpha$	$c = \dfrac{b}{\cos\alpha}$
	特殊角度三角函数值		
	$\sin 30° = \dfrac{1}{2} = 0.5$	$\sin 45° = \dfrac{\sqrt{2}}{2} = 0.707$	$\sin 60° = \dfrac{\sqrt{3}}{2} = 0.866$
	$\cos 30° = \dfrac{\sqrt{3}}{2} = 0.866$	$\cos 45° = \dfrac{\sqrt{2}}{2} = 0.707$	$\cos 60° = \dfrac{1}{2} = 0.5$
	$\tan 30° = \dfrac{\sqrt{3}}{3} = 0.577$	$\tan 45° = 1$	$\tan 60° = \sqrt{3} = 1.732$

▶ 任务实施

1. 建立工件坐标系

工件坐标系建立在工件的右端面，工件原点为轴线与端面的交点，轴向为 Z 方向，径

向为 X 方向，如图 2-31 所示。

2. 规划走刀路线

走刀路线从右往左，如图 2-32 所示。

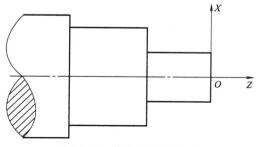

图 2-31　建立工件坐标系

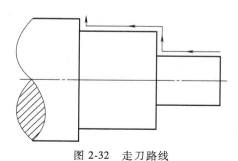

图 2-32　走刀路线

3. 标示并计算基点

标示基点 1、2、3、4、5，如图 2-33 所示。

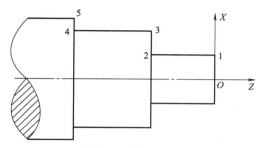

图 2-33　标示基点

通过数学计算，得到各基点坐标，见表 2-6。

表 2-6　基点坐标

基　　点	X 坐　标	Z 坐　标
1	20	5
2	20	−25
3	40	−25
4	40	−55
5	55	−55

4. 编制加工程序

加工程序可参考表 2-7。

表 2-7　参考加工程序

程　　序	说　　明
O0001；	程序名
N10 T0101；	选择 1 号刀具，执行 1 号刀具偏置
N20 M04 S600；	主轴反转，转速 600r/mim

（续）

程　　序	说　　明
N30 G00 X52.0 Z2.0;	刀具快速接近工件
N40 G90 X45.0 Z−55.0 F0.2;	G90 单一固定循环切削第一刀
N50 X40.0 Z−55.0;	切削第二刀
N60 X35.0 Z−25.0;	切削第三刀
N70 X30.0 Z−25.0;	切削第四刀
N80 X25.0 Z−25.0;	切削第五刀
N90 X20.0 Z−25.0;	切削第六刀
N100 G00 X60.0 Z10.0;	刀具快速退回至坐标点（60.0,10.0）处
N110 M05;	主轴停止
N120 M30;	程序结束

5. 程序调试与仿真加工

程序调试与仿真加工步骤见表2-8。

表 2-8　仿真加工步骤

步　　骤	图　　例	说　　明
定义毛坯	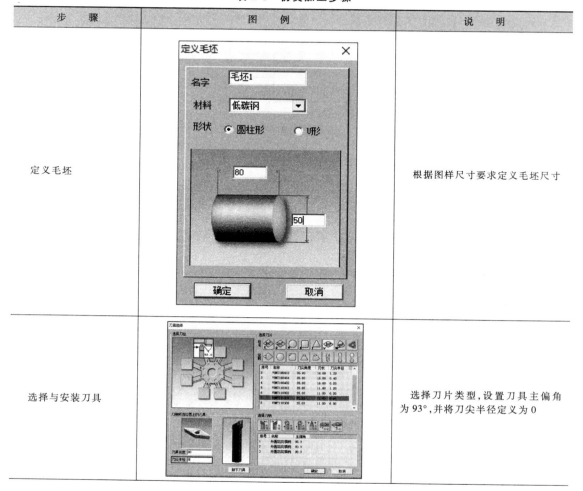	根据图样尺寸要求定义毛坯尺寸
选择与安装刀具		选择刀片类型,设置刀具主偏角为93°,并将刀尖半径定义为0

（续）

步　骤	图　例	说　明
对刀	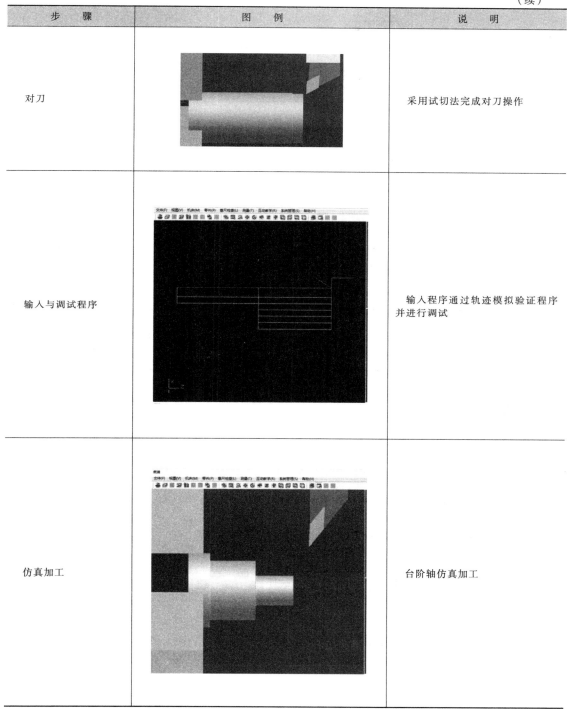	采用试切法完成对刀操作
输入与调试程序		输入程序通过轨迹模拟验证程序并进行调试
仿真加工		台阶轴仿真加工

 试一试

试对图 2-34 所示零件建立工件坐标系，标示各基点，计算各基点坐标并填入表 2-9 中。

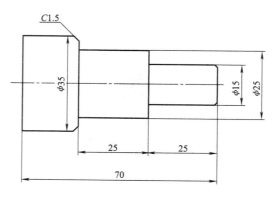

图 2-34　阶梯轴 1

表 2-9　阶梯轴 1 基点坐标

基　点	X 坐 标	Z 坐 标

试对图 2-35 所示零件建立工件坐标系，标示并计算各基点坐标，编写零件加工程序，并在仿真软件中调试程序。

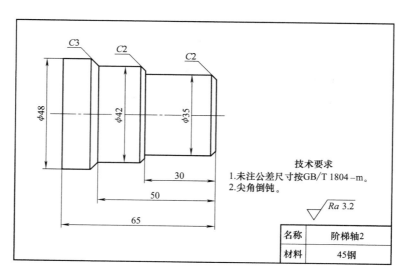

图 2-35　阶梯轴 2

任务三　圆锥轴车削加工编程与调试

 任务描述

现有图2-36所示短锥轴，要求选择合适的走刀路线及刀具，确定工艺参数，编写零件加工程序，并在仿真软件中调试程序。毛坯尺寸为 $\phi 55mm \times 71mm$。

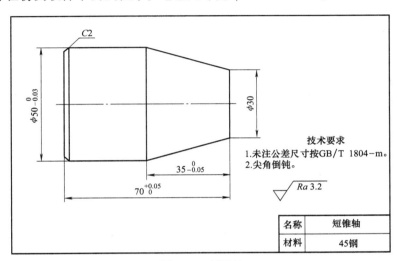

图2-36　短锥轴

任务准备

1. 识读零件图

本任务为车削外圆柱面和锥面。认真识读图2-36所示零件图样，并将读到的信息填入表2-10。

表 2-10　图样信息

识 读 内 容	读到的信息
零件名称	
零件材料	
零件轮廓要素	
零件图中重要尺寸	
表面质量要求	
技术要求	

2. 选择刀具

本任务选择的刀具为93°外圆车刀。

▶ **知识链接**

一、圆锥面切削循环指令 G90

1. 指令格式

G90 X（U）__ Z（W）__ R __ F __ ；

其中，X（U）、Z（W）为切削循环中进给路线终点处的坐标；R 为车削圆锥面时起点半径与终点半径的差值，有正负号之分；F 为切削过程中的进给速度。

2. 指令说明

1）图 2-37 所示为 G90 圆锥面切削循环指令的刀具运动轨迹，刀具从起始点 A 出发，以 G00 的速度快速移动到点 B，以 F 指令的进给速度切削工件到达点 C，然后以 F 指令的速度退刀至点 D，最后以 G00 的速度快速退回到循环的起始点 A 处。

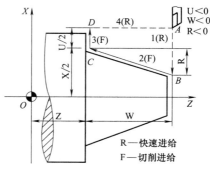

图 2-37　圆锥面切削循环刀具运动轨迹

循环起点 A 应选择在轴向离开工件的位置，以保证快速进刀时的安全；但点 A 在径向上不要离工件太远，以保证加工效率。

2）圆锥切削循环指令适用于内、外圆锥面的加工，针对外圆锥面、内圆锥面、正锥和倒锥四种加工情形，指令中的参数 U、W、R 的正负号与刀具轨迹之间的关系如图 2-38 所示。

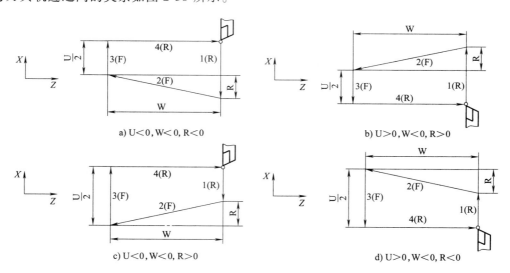

a) U<0,W<0,R<0

b) U>0,W<0,R>0

c) U<0,W<0,R>0

d) U>0,W<0,R<0

图 2-38　指令中参数 U、W、R 的正负号与刀具轨迹之间的关系

二、带锥度的端面切削循环指令 G94

1. 指令格式

G94 X（U）__ Z（W）__ R __ F __ ；

其中，X（U）、Z（W）为切削循环中进给路线终点处的坐标；R 为圆锥面切削的起点相对于终点在 Z 轴方向上的坐标增量，圆台左大右小，R 取正值，反之为负值；F 为切削过程中的进给速度。

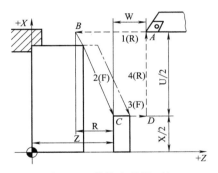

2. 指令说明

图 2-39 所示为带锥度的端面切削循环的刀具运动轨迹，刀具从起始点 A 出发，以 G00 的速度快速移动到点 B，以 F 指令的进给速度切削工件到达点 C，然后以 F 指令的速度退刀至点 D，最后以 G00 的速度快速退回到循环的起始点 A 处，完成一个切削循环。

图 2-39 带锥度的端面切削循环刀具运动轨迹

三、子程序

在编制加工程序的过程中，把程序中某些固定顺序和重复出现的程序按一定格式编成一个程序供调用，这个程序就是常说的子程序。子程序可以被主程序调用，同时子程序也可以调用另一个子程序，这样可以简化程序的编制工作，节省 CNC 系统的内存空间。

子程序必须在主程序结束指令后建立，且以 M99 作为子程序的结束指令。主程序调用子程序的指令格式如下：

M98 P× ××××;

其中，M98 是调用子程序的指令；P 后的第一位数字表示重复调用子程序的次数；最后四位数字为子程序号。

例如 M98 P41000; 主程序调用 4 次程序号为 1000 的子程序。

M99 指令也可用于主程序最后程序段，此时程序执行指针会跳回主程序的第一程序段继续执行此程序，所以此程序将一直重复执行，除非按 MDI 键盘上的 "复位" 功能键![RESET]才能中断执行。

四、确定圆锥的车削加工路线

在数控车床上车削外圆锥时分为车正锥和车倒锥两种情况，而每种情况又有平行法和终点法两种加工路线。

采用图 2-40 所示平行法车正锥时，刀具每次切削的背吃刀量相等，切削运动的距离较短。采用这种加工路线时，加工效率高，但需要计算终刀距 S。

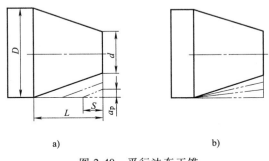

a)   b)

图 2-40 平行法车正锥

假设圆锥大径为 D，小径为 d，锥长为 L，背吃刀量为 a_p，则有

$$(D-d)/2L = a_p/S$$

$$S = 2La_p/(D-d)$$

采用终点法车正锥时，不需要计算终刀距 S，但在每次切削中，背吃刀量是变化的，而且切削运动的路线较长，容易引起工件表面粗糙度不一致。

▶ 任务实施

1. 零件工艺分析

毛坯尺寸为 $\phi55mm \times 71mm$，零件图样如图2-36所示。该零件需要加工 $\phi 50_{-0.03}^{0}mm$ 外圆、锥体、端面及 $C2$ 倒角，同时要控制尺寸 $70_{0}^{+0.05}mm$ 及 $35_{-0.05}^{0}mm$，零件材料为45钢，无热处理要求，先加工左端再加工右端。

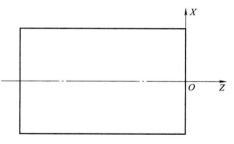

图 2-41　建立工件坐标系

2. 加工零件左端

（1）建立工件坐标系　在毛坯左端中心处建立工件坐标系，如图2-41所示。

（2）编制加工程序　加工程序内容见表2-11。

表2-11　左端加工程序（后置刀架）

程　　序	说　　明
O0001；	
N10 T0101；	
N20 M04 S600；	
N30 G00 X56.0 Z1.0；	
N40 G01 X51.0 Z0.0 F0.2；	
N50 G00 Z-40.0；	
N60 X56.0；	
N70 G00 Z1.0；	
N80 G01 X45.99 F0.2；	
N90 G01 X49.99 Z-2.0；	
N100 Z-40.0；	
N110 X56.0；	
N120 G00 X60.0 Z10.0；	
N130 M05；	
N140 M30；	

（3）程序调试与仿真加工　加工步骤见表2-12。

表2-12　左端加工步骤

步　　骤	图　　例	说　　明
定义毛坯	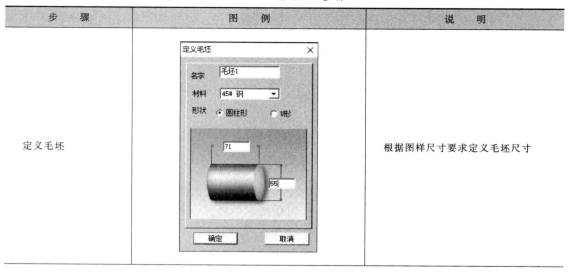	根据图样尺寸要求定义毛坯尺寸

（续）

步　骤	图　例	说　明
选择与安装刀具		选择刀片类型，设置刀具主偏角为93°，并将刀尖半径定义为0
对刀		采用试切法完成对刀操作
输入与调试程序		输入程序，通过轨迹模拟验证程序并进行调试
仿真加工		加工零件的左端轮廓

3. 加工零件右端

（1）建立工件坐标系　在工件右端中心处建立工件坐标系，如图 2-42 所示。

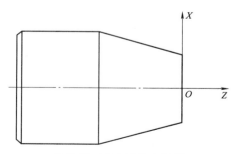

图 2-42　建立工件坐标系

（2）编制加工程序　加工程序内容见表 2-13。

表 2-13　右端加工程序（后置刀架）

程　序	说　明
O0001；	
N10 T0101；	
N20 M04 S600；	
N30 G00 X56.0 Z1.0；	
N40 G01 Z0.0 F0.2；	
N50 G01 X−1.0；	
N60 G00 X56.0 Z1.0；	锥面起始点
N70 G90 X54.0 Z−35.0 R−10.0；	第一次循环加工
N80 X52.0；	第二次循环加工
N90 X50.0；	第三次循环加工
N1020 G00 X60.0 Z10.0；	
N110 M05；	
N120 M30；	

（3）程序调试与仿真加工　加工步骤见表 2-14。

表 2-14　右端加工步骤

步　骤	图　例	说　明
定义毛坯	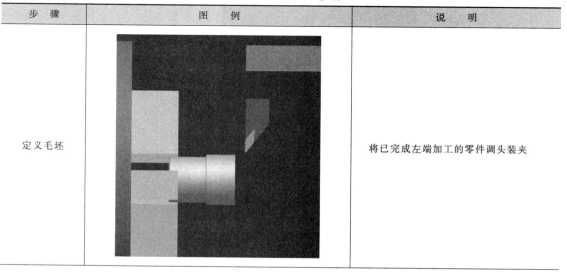	将已完成左端加工的零件调头装夹

（续）

步　骤	图　例	说　明
对刀	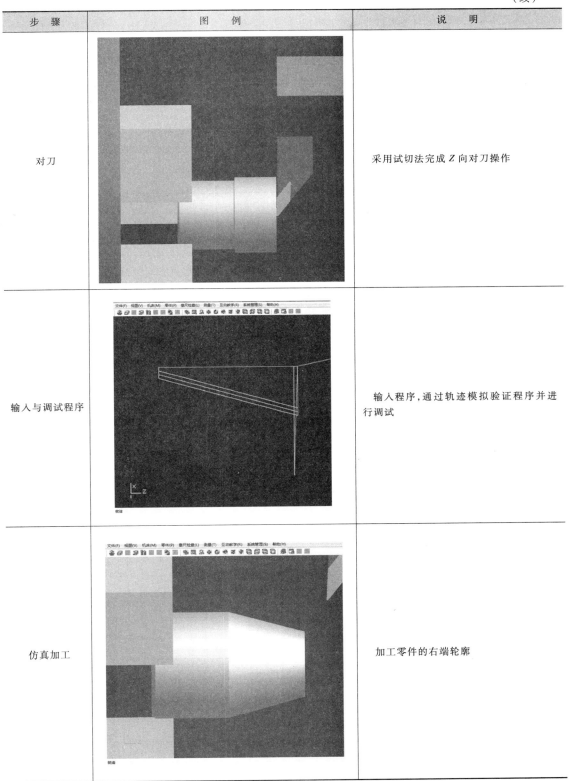	采用试切法完成 Z 向对刀操作
输入与调试程序		输入程序，通过轨迹模拟验证程序并进行调试
仿真加工		加工零件的右端轮廓

试一试

根据图 2-36 所示零件，采用直线插补指令 G01 与主程序调用子程序的方式来编写锥体加工程序，填入表 2-15 和表 2-16 中，并在仿真软件中检验刀具运行轨迹，完成零件的仿真加工。

表 2-15　左端加工程序（后置刀架）

程　　序	说　　明

表 2-16　右端加工程序（后置刀架）

程　　序	说　　明

任务拓展

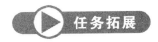

现有图 2-43 所示短锥轴，毛坯尺寸为 ϕ54mm×82mm，材料为 45 钢。试用 G94 指令编写带锥度的端面的切削加工程序，并在仿真软件中调试程序。

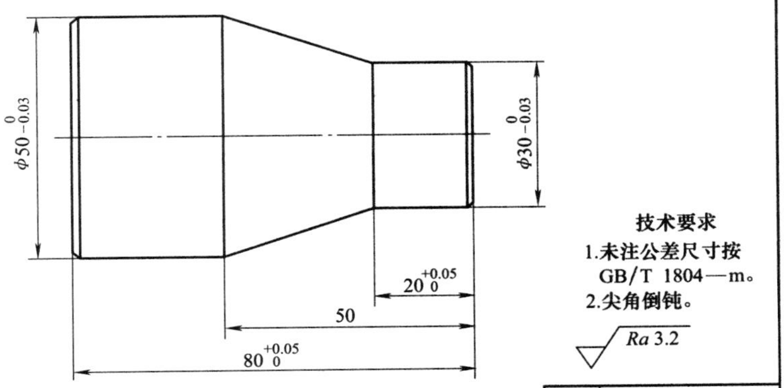

名称	短锥轴
材料	45钢

图 2-43　短锥轴

模块二　圆弧轴车削加工程序编制与调试

学习目标

1. 会识读圆弧轴零件图
2. 会选择适合圆弧轴的加工工艺并确定工艺参数
3. 能正确选择圆弧轴的车削刀具
4. 能使用圆弧插补指令编制轮廓加工程序
5. 会使用刀尖圆弧半径补偿指令编制程序
6. 能对程序进行调试

学习导入

车削圆弧，在机械加工中是一项最基本的技能，圆弧轮廓也是一个零件最基本的组成要素。本模块重点介绍了圆弧插补指令、刀尖圆弧半径补偿指令，灵活运用指令编制轮廓加工程序。

任务一 凸圆弧轴车削加工编程与调试

 **任务描述**

在数控车床上加工图 2-44 所示凸圆弧轴，要求选择合适的走刀路线及刀具，确定工艺参数，编写零件加工程序，并在仿真软件中调试程序。毛坯尺寸为 $\phi45mm \times 85mm$，其中 $\phi45mm$ 的外圆已加工至尺寸。

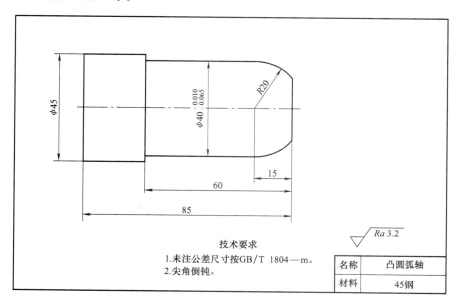

技术要求
1. 未注公差尺寸按GB/T 1804—m。
2. 尖角倒钝。

$\sqrt{Ra\ 3.2}$

名称	凸圆弧轴
材料	45钢

图 2-44 凸圆弧轴

 **任务准备**

1. 识读零件图

本任务为车削凸圆弧外圆。认真识读图 2-44 所示零件图样，并将读到的信息填入表 2-17。

表 2-17 图样信息

识 读 内 容	读到的信息
零件名称	
零件材料	
零件轮廓要素	
零件图中重要尺寸	
表面质量要求	
技术要求	

2. 选择刀具

本任务选择的刀具为 93°外圆车刀。

圆弧插补指令 G02、G03

G02 为顺时针圆弧插补指令，G03 为逆时针圆弧插补指令。

1）顺时针圆弧插补指令的指令格式：

G02 X（U）__ Z（W）__ I __ K __ F __；或 G02 X（U）__ Z（W）__ R __ F __；

2）逆时针圆弧插补指令的指令格式：

G03 X（U）__ Z（W）__ I __ K __ F __；或 G03 X（U）__ Z（W）__ R __ F __；

使用圆弧插补指令，可以用绝对坐标编程，也可以用相对坐标编程。采用绝对坐标编程时，X、Z 是圆弧终点坐标值；采用增量坐标编程时，U、W 是终点相对始点的距离。圆心位置的指定可以用 R，也可以用 I、K，R 为圆弧半径值；I、K 为圆心在 X 轴和 Z 轴上相对于圆弧起点的坐标增量。F 为沿圆弧切线方向的进给率或进给速度。

判别刀具在加工零件时是按照顺时针做圆弧插补运动还是按照逆时针做圆弧插补运动的方法如图 2-45 所示。

需要注意的是，当用半径 R 指定圆心位置时，由于在同一半径 R 的情况下，从圆弧的起点到终点存在有两个圆弧的可能性，如图 2-46 所示。为区别二者，规定圆心角 $\alpha \le 180°$ 时，R 值为正，如图 2-46 中的圆弧 1；$\alpha > 180°$ 时，R 值为负，如图 2-46 中的圆弧 2。

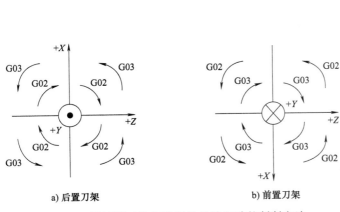

图 2-45　圆弧顺时针与逆时针插补运动的判断方法

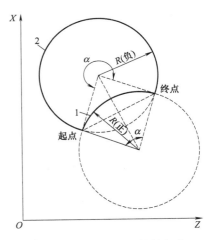

图 2-46　R 值正负的判断方法

1. 建立工件坐标系

工件坐标系建立在毛坯的右端面，工件原点为轴线与端面的交点，轴向为 Z 方向，径向为 X 方向，如图 2-47 所示。

2. 规划走刀路线（图 2-48）

3. 标示并计算基点

标示基点 1、2、3、4，如图 2-49 所示。

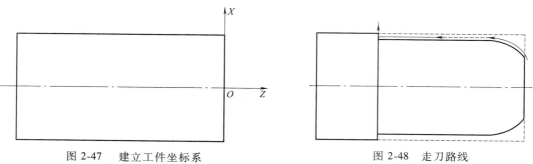

图 2-47　建立工件坐标系　　　　　　图 2-48　走刀路线

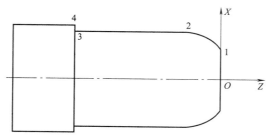

图 2-49　标示基点

通过数学计算，得到各基点坐标，见表 2-18。

表 2-18　基点坐标

基　　点	X　坐　标	Z　坐　标
1	26.458	0
2	40	−15
3	40	−60
4	45	−60

4．编制加工程序

加工程序可参考表 2-19。

表 2-19　参考加工程序

程　　　　序	说　　　　明
O0001；	程序号
N10 T0101；	选择 1 号刀具，执行 1 号刀具偏置
N20 M03 S600；	主轴正转，速度为 600r/min
N30 G00 X50.0 Z30.0；	快速定位至中间点
N40 G00 X26.458 Z2.0；	快速定位至程序起点
N50 G01 X26.458 Z0.0 F0.3；	进给至切入点
N60 G03 X40.0 Z−15.0 R20.0；	切削 $R20mm$ 圆弧
N70 G01 X40.0 Z−60.0；	切削外圆柱
N80 X45.0 Z−60.0；	车削轴肩
N90 G00 X50.0 Z30.0；	快速退刀
N100 M05；	主轴停转
N110 M30；	程序结束并复位

5. 程序调试与仿真加工

程序调试与仿真加工步骤见表2-20。

表2-20　加工步骤

步　骤	图　例	说　明
定义毛坯	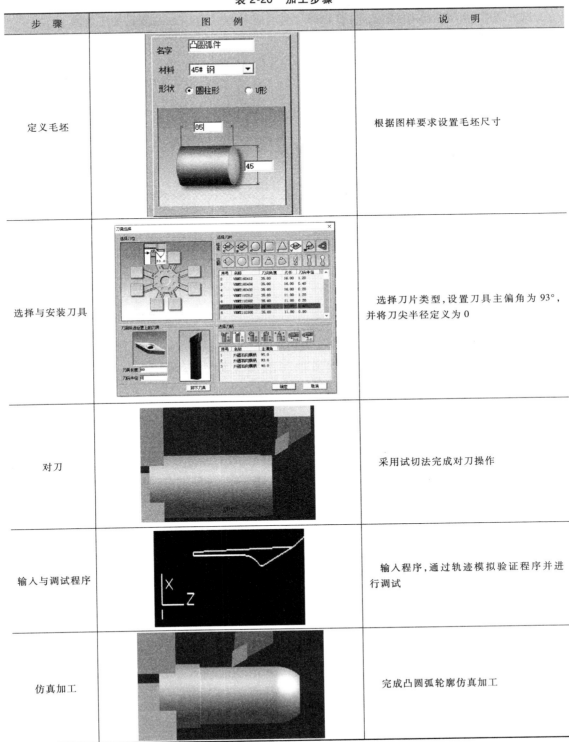	根据图样要求设置毛坯尺寸
选择与安装刀具		选择刀片类型，设置刀具主偏角为93°，并将刀尖半径定义为0
对刀		采用试切法完成对刀操作
输入与调试程序		输入程序，通过轨迹模拟验证程序并进行调试
仿真加工		完成凸圆弧轮廓仿真加工

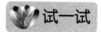试一试

试对图 2-50 所示零件建立工件坐标系，计算各基点坐标，并编制精加工程序。

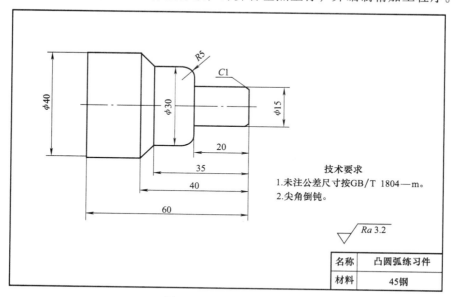

技术要求
1.未注公差尺寸按GB/T 1804—m。
2.尖角倒钝。

$\sqrt{}$ Ra 3.2

名称	凸圆弧练习件
材料	45钢

图 2-50　凸圆弧练习件

任务二　凹圆弧轴车削加工编程与调试

▶ 任务描述

在数控车床上加工图 2-51 所示凹圆弧轴，要求选择合适的走刀路线及刀具，确定工艺

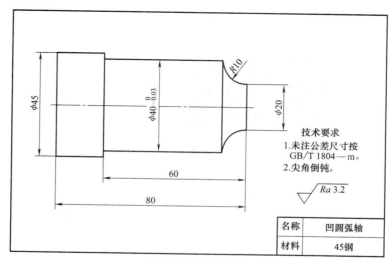

技术要求
1.未注公差尺寸按
GB/T 1804—m。
2.尖角倒钝。

$\sqrt{}$ Ra 3.2

名称	凹圆弧轴
材料	45钢

图 2-51　凹圆弧轴

参数，编写零件加工程序，并在仿真软件中调试程序。

 **任务准备**

1. 识读零件图

本任务为车削凹圆弧轴外圆。认真识读图 2-51 所示零件图样，并将读到的信息填入表 2-21。

表 2-21　图样信息

识读内容	读到的信息
零件名称	
零件材料	
零件轮廓要素	
零件图中重要尺寸	
表面质量要求	
技术要求	

2. 选择刀具

本任务选择的刀具为 93°外圆车刀。

 **知识链接**

刀尖圆弧半径补偿指令 G40、G41、G42

在数控加工中，为了提高刀尖的强度，降低被加工表面粗糙度值，刀尖处常为圆弧过渡刃。在车削外圆或端面时，刀尖圆弧不影响其尺寸、形状；在车削锥面与圆弧时，就会造成过切或少切现象，如图 2-52 所示。

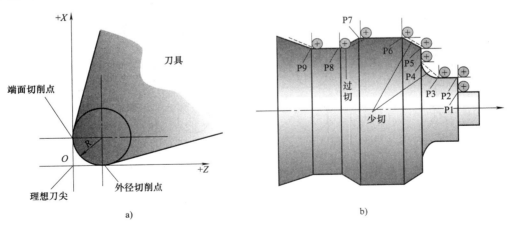

图 2-52　车削锥面与圆弧

在实际加工中，一般的数控车床都有刀尖圆弧半径补偿功能，为编制程序提供了方便。采用有刀尖圆弧半径补偿功能的数控系统，编程时不需要计算刀具运动轨迹，只按零件轮廓编程。使用刀尖圆弧半径补偿指令，并在控制面板上手动输入刀尖圆弧半径值，数控装置便能自动计算出刀具中心轨迹，并按刀具中心轨迹运动，即执行刀尖圆弧半径补偿后，刀具自动偏离工件轮廓一个刀尖圆弧半径值，从而加工出所要求的工件轮廓。

G41 指令为刀尖圆弧半径左补偿，即刀尖沿工件左侧运动时的半径补偿；G42 指令为刀尖圆弧半径右补偿，即刀尖沿工件右侧运动时的半径补偿；G40 指令为取消刀尖圆弧半径补偿，使用该指令后，G41、G42 指令无效。G40 指令必须和 G41 或 G42 指令配合使用。图2-53所示为刀尖圆弧半径补偿方向。

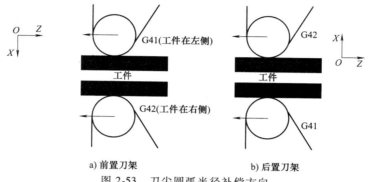

图 2-53　刀尖圆弧半径补偿方向

编程时需要注意的是，G41、G42 指令不能重复使用，在程序中如果前面使用了 G41 或 G42 指令，后面就不能再直接使用 G41 或 G42 指令。若想使用，则必须先用 G40 指令取消原刀尖圆弧半径补偿状态后，再使用 G41 或 G42 指令。

刀尖圆弧半径补偿指令应当用 G00 或者 G01 功能来指令或取消。因此，刀尖圆弧半径补偿指令应当在切削启动之前完成；要在切削完成之后用移动命令来执行取消。

具备刀尖圆弧半径补偿功能的数控系统，除利用刀尖圆弧半径补偿指令外，还应根据刀具形状确定刀具方位。假想刀尖的方位有八种位置可以选择（图2-54），箭头表示刀尖方向，如果按刀尖圆弧中心编程，则选用 0 或 9。

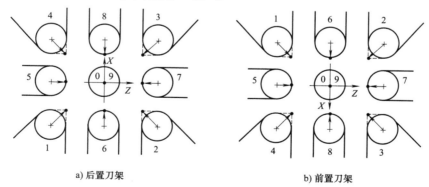

图 2-54　刀尖方位的选择

▶ **任务实施**

1. 建立工件坐标系

工件坐标系建立在毛坯的右端面，工件原点为轴线与端面的交点，轴向为 Z 方向，径

向为 X 方向，如图 2-55 所示。

2. 规划走刀路线（图 2-56）

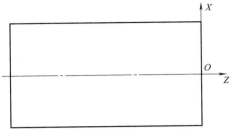

图 2-55　建立工件坐标系

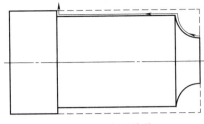

图 2-56　走刀路线

3. 标示并计算基点

标示基点 1、2、3、4，如图 2-57 所示。

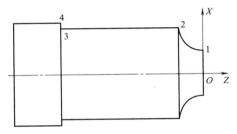

图 2-57　标示基点

通过数学计算，得到各基点坐标，见表 2-22。

表 2-22　基点坐标

基 点	X 坐 标	Z 坐 标
1	20	0
2	40	−10
3	40	−60
4	45	−60

4. 编制加工程序

加工程序可参考表 2-23。

表 2-23　参考加工程序

程　序	说　明
O0021；	程序号
T0101；	选择 1 号刀具，执行 1 号刀具偏置
M03 S800；	主轴正转，转速 800r/min
G00 X20.0 Z2.0；	快速定位至程序起点
G01 X20.0 Z0.0 F0.3；	刀具沿 Z 向进刀至圆弧起点
G02 X40.0 Z−10.0 R10.0；	切削 R10mm 圆弧
G01 X40.0 Z−60.0；	刀具沿 Z 向进给
G01 X45.0 Z−60.0；	刀具沿 X 向进给
G00 X60.0；	刀具沿 X 向快速退刀
G00 Z60.0；	刀具沿 Z 向快速退刀
M30；	程序结束

小贴士：

现代数控系统一般都有刀具圆角半径补偿器，具有刀尖圆弧半径补偿功能（即 G41 指令左补偿和 G42 指令右补偿功能），编程人员可直接根据零件轮廓形状进行编程，编程时可假设刀尖圆弧半径为零，在数控加工前必须在数控车床上的相应刀具补偿号中输入刀尖圆弧半径值，加工过程中，数控系统根据加工程序和刀尖圆弧半径自动计算假想刀尖轨迹，执行刀尖圆弧半径补偿指令，完成零件的加工。刀尖圆弧半径变化时，不需修改加工程序，只需修改相应刀尖圆弧半径值即可。

5. 程序调试与仿真加工

程序调试与仿真加工步骤见表 2-24。

表 2-24　加工步骤

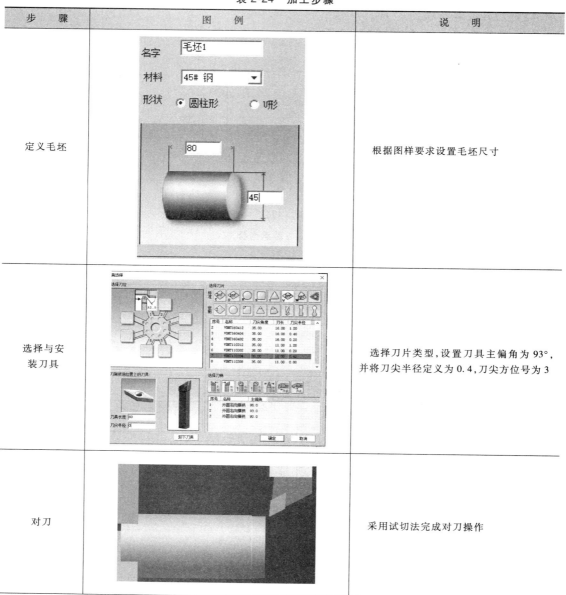

步　　骤	图　　例	说　　明
定义毛坯		根据图样要求设置毛坯尺寸
选择与安装刀具		选择刀片类型，设置刀具主偏角为 93°，并将刀尖半径定义为 0.4，刀尖方位号为 3
对刀		采用试切法完成对刀操作

（续）

步　骤	图　例	说　明
输入与调试程序	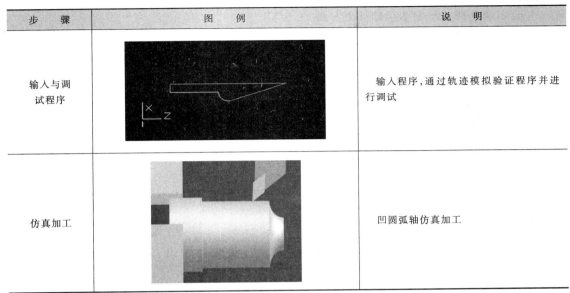	输入程序,通过轨迹模拟验证程序并进行调试
仿真加工	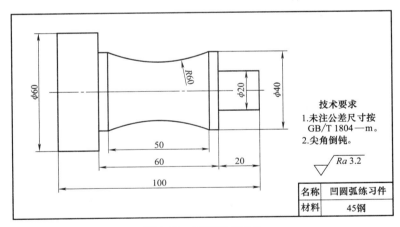	凹圆弧轴仿真加工

试对图 2-58 所示零件建立工件坐标系,计算各基点坐标,并编写精加工程序。

图 2-58　凹圆弧练习件

模块三　台阶轴车削加工程序编制与调试

1. 会识读台阶轴零件图

2. 会选择台阶轴的加工工艺并确定工艺参数

3. 能正确选择台阶轴的车削加工刀具

4. 能使用复合循环指令编制轮廓加工程序

5. 能对程序进行调试

6. 会使用仿真软件车削台阶轴零件

 **学习导入**

车削台阶轴在机械加工中是一项最基本的技能，台阶轮廓也是一个机械零件重要的组成要素。

本模块重点介绍了外圆粗加工循环指令与固定形状粗加工循环指令，灵活运用指令编制轮廓加工程序。

任务一 台阶轴车削加工编程与调试

▶ **任务描述**

在数控车床上加工图 2-59 所示台阶轴，要求选择合适的走刀路线及刀具，确定工艺参数，编写零件加工程序，并在仿真软件中调试程序。毛坯尺寸为 $\phi 40\text{mm} \times 66\text{mm}$。

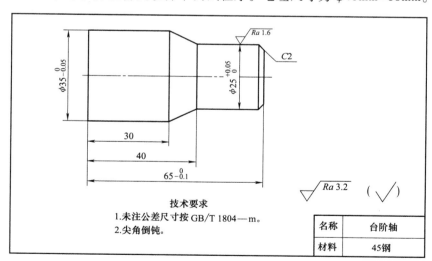

技术要求
1.未注公差尺寸按 GB/T 1804—m。
2.尖角倒钝。

名称	台阶轴
材料	45钢

图 2-59　台阶轴

▶ **任务准备**

1. 识读零件图

本任务为车削台阶轴外圆。认真识读图 2-59 所示零件图样，并将读到的信息填入表 2-25。

2. 选择刀具

本任务选择的刀具为 93°外圆车刀。

表 2-25　图样信息

识 读 内 容	读 到 的 信 息
零件名称	
零件材料	
零件轮廓要素	
零件图中重要尺寸	
表面质量要求	
技术要求	

 知识链接

1. 外圆粗加工循环指令 G71

外圆粗加工循环是一种复合固定循环指令，适用于外圆柱面需多次走刀才能完成的粗加工，如图 2-60 所示。

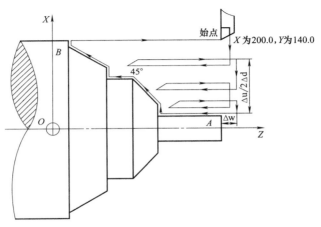

图 2-60　外圆粗加工循环指令 G71

指令格式：

G71 U（Δd）R（e）；

G71 P（ns）Q（nf）U（Δu）W（Δw）F（f）__S（s）__T（t）__；

其中，d 为粗加工每次背吃刀量，无符号，该参数为模态值，半径指定；e 为退刀量，无符号，该参数为模态值，半径指定；ns 为指定精加工路线的第一个程序段的段号；nf 为指定精加工路线的最后一个程序段的段号；Δu 为 X 方向的精加工余量；Δw 为 Z 方向的精加工余量。

使用 G71 指令进行编程时，需要注意以下两点：

1）粗加工循环过程中 ns~nf 程序段中的 F、S、T 功能均被忽略，只有 G71 指令中指定的 F、S、T 功能有效。

2）零件轮廓必须符合 X 方向和 Z 方向坐标值同时单调增大或单调减少；X 方向和 Z 方向非单调变化时，ns~nf 程序段中的第一条指令必须在 X 方向和 Z 方向同时有运动。

例 2-1　根据图 2-61 所示尺寸编写外圆粗加工循环加工程序。

参考程序见表 2-26。

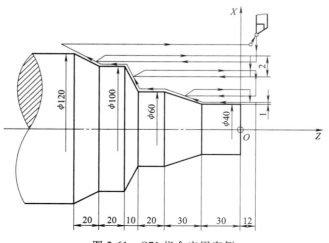

图 2-61　G71 指令应用实例

表 2-26　参考程序

程　　序	说　　明
O1301；	程序名
N10 T0101；	选择 1 号刀具,并执行 1 号刀具偏置
N20 M03 S600；	主轴正转,转速 600r/min
N30 G0 X125.0 Z5.0；	快速定位至循环起点
N40 G71 U1.0 R1.0；	调用 G71 循环指令,设置背吃刀量及退刀量
N50 G71 P60 Q120 U0.5 W0 F0.2；	指定轮廓程序段号,设置精加工余量及进给量
N60 G00 X40.0；	轮廓程序开始
N70 G01 Z-30.0 F0.15；	车削外圆
N80 X60.0 Z-60.0；	车削锥面
N90 Z-80.0；	车削外圆
N100 X100.0 Z-90.0；	车削锥面
N110 Z-110.0；	车削外圆
N120 X120.0 Z-130.0；	车削锥面
N130 G00 X125.0；	快速退至切出点
N140 X200.0；	刀具沿 X 向退刀
N150 Z140.0；	刀具沿 Z 向退刀
N160 M30；	程序结束并复位

2. 精加工循环指令 G70

用 G71、G73 指令完成粗加工后,可以用 G70 指令进行精加工。精加工时,G71、G73 指令程序段中的 F、S、T 功能无效,只有在 ns~nf 程序段中的 F、S、T 功能才有效。

指令格式:

G70 P(ns) Q(nf)；

其中,ns 为精加工轮廓程序段中第一个程序段的段号;nf 为精加工轮廓程序段中最后一个程序段的段号。

小贴士:

在表 2-26 所示参考程序中的 nf 程序段后再加上"G70 P(ns) Q(nf)"程序段,并在 ns ~nf 程序段中加上精加工适用的 F、S、T 功能,就可以完成从粗加工到精加工的全过程。

例 2-2 按图 2-61 所示尺寸编写外圆粗精加工循环的加工程序。加工程序如下:

N10 G50 X200 Z140 T0101;

N20 G00 G42 X120 Z10 M08;

N30 G96 S120;

N40 G71 U2 R0.5;

N50 G71 P60 Q120 U2 W2 F0.25;

N60 G00 X40;

N70 G01 Z-30 F0.15;

N80 X60 Z-60;

N90 Z-80;

N100 X100 Z-90;

N110 Z-110;

N120 X120 Z-130;

N130 G00 X125;

N140 G70 P60 Q120;

N150 X200 Z140;

N160 M30;

任务实施

1. 零件工艺分析

毛坯尺寸为 φ40mm×66mm,零件图样如图 2-59 所示。该零件需要加工外圆、锥体、端面及 C2 倒角,零件材料为 45 钢,无热处理要求,先加工左端再加工右端。

2. 加工零件左端

(1) 建立工件坐标系　在毛坯左端中心处建立工件坐标系,工件原点为轴线与端面的交点,轴向为 Z 方向,径向为 X 方向,如图 2-62 所示。

(2) 规划走刀路线 (图 2-63)

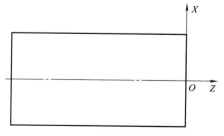

图 2-62　建立工件坐标系

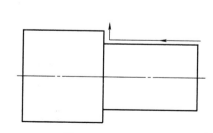

图 2-63　走刀路线

(3) 编制加工程序　加工程序内容见表 2-27。

表 2-27　参考程序

程　　　序	说　　　明
O0001;	程序号
T0101;	选择 1 号刀具,并执行 1 号刀具偏置
M03 S800;	主轴正转,转速为 800r/min
G00 X40.0 Z2.0;	快速定位至程序起点
G90 X35.0 Z−35.0 F0.3;	车削外圆
G00 X45.0 Z30.0;	快速退刀
M30;	程序结束

（4）程序调试与仿真加工　加工步骤见表 2-28。

表 2-28　左端加工步骤

步　　骤	图　　例	说　　明
定义毛坯	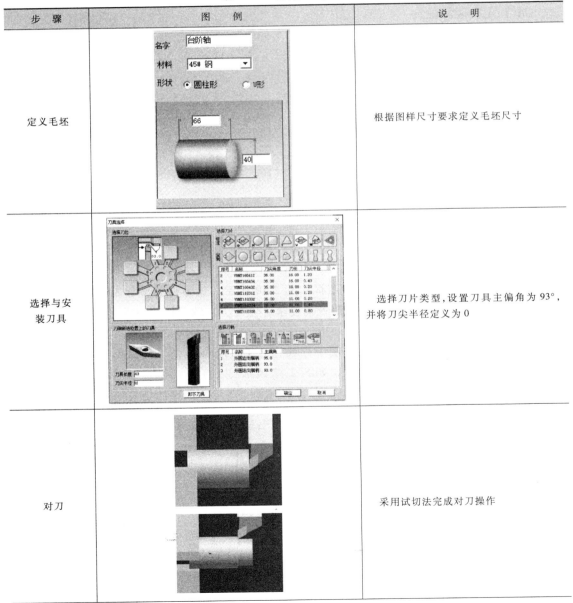	根据图样尺寸要求定义毛坯尺寸
选择与安装刀具		选择刀片类型,设置刀具主偏角为 93°,并将刀尖半径定义为 0
对刀		采用试切法完成对刀操作

（续）

步 骤	图 例	说 明
仿真加工	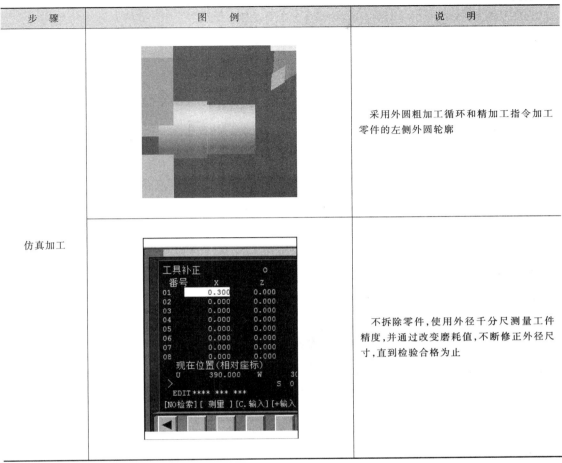	采用外圆粗加工循环和精加工指令加工零件的左侧外圆轮廓
		不拆除零件，使用外径千分尺测量工件精度，并通过改变磨耗值，不断修正外径尺寸，直到检验合格为止

3. 加工零件右端

（1）建立工件坐标系　在工件右端中心处建立工件坐标系，工件原点为轴线与端面的交点，轴向为 Z 方向，径向为 X 方向，如图 2-64 所示。

（2）规划走刀路线（图 2-65）

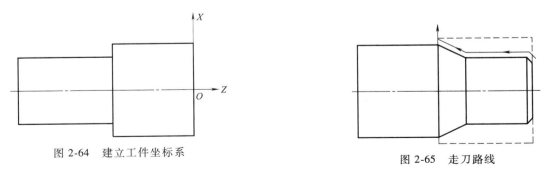

图 2-64　建立工件坐标系

图 2-65　走刀路线

（3）标示并计算基点　标示基点 1、2、3、4，如图 2-66 所示。

通过数学计算，得到右端各基点坐标，见表 2-29。

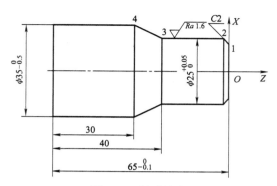

图 2-66　标示基点

表 2-29　基点坐标

基　点	X 坐　标	Z 坐　标
1	21	0
2	25	−2
3	25	−25
4	35	−35

（4）编制加工程序　加工程序可参考表 2-30。

表 2-30　参考加工程序

程　序	说　明
O0002;	程序号
T0101;	选择 1 号刀具，并执行 1 号刀具偏置
M03 S800;	主轴正转，转速为 800r/min
G00 X40.0 Z2.0;	快速定位至程序起点
G71 U1.0 R1.0;	调用 G71 循环指令，设置背吃刀量及退刀量
G71 P15 Q25 U0.5 W0 F0.3;	指定轮廓程序段号，设置精加工余量及进给量
N15 G00 X21.0;	轮廓程序开始
G01 Z0.0 F0.3;	靠近端面
G01 X25.0 Z−2.0;	倒角
G01 X25.0 Z−25.0;	车削外圆
G01 X35.0 Z−35.0;	车削锥面
N25 G01 X40.0;	轮廓程序结束
G00 X40.0 Z30.0;	快速退刀
M05;	主轴停转
M30;	程序结束

（5）程序调试与仿真加工　加工步骤见表 2-31。

表 2-31　加工步骤

步　骤	图　例	说　明
定义毛坯	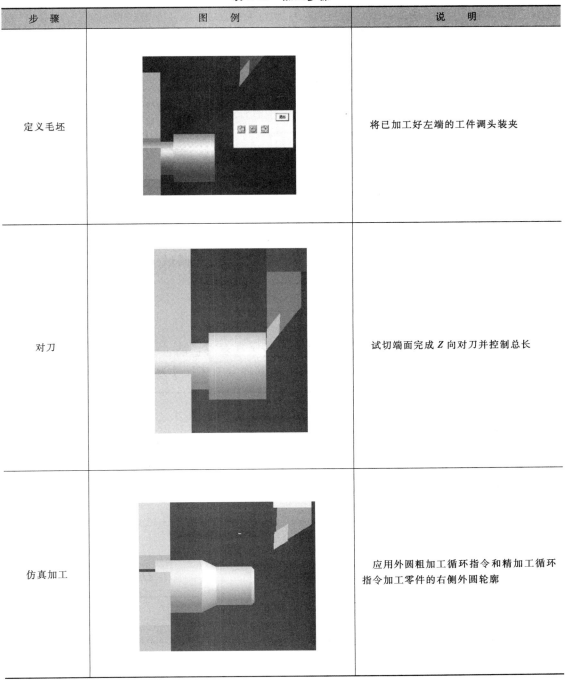	将已加工好左端的工件调头装夹
对刀		试切端面完成 Z 向对刀并控制总长
仿真加工		应用外圆粗加工循环指令和精加工循环指令加工零件的右侧外圆轮廓

试一试

试对图 2-67 所示零件建立工件坐标系，计算各基点坐标，并编制粗精加工程序。

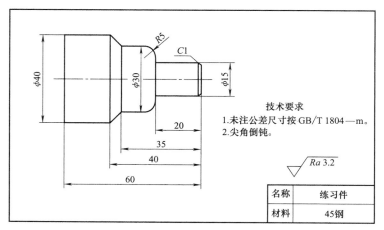

图 2-67　练习件

任务二　阀栓车削加工编程与调试

在数控车床上加工图 2-68 所示阀栓零件，要求选择合适的走刀路线及刀具，确定工艺参数，编写零件加工程序，并在仿真软件中调试程序。毛坯尺寸为 $\phi30\text{mm}\times66\text{mm}$。

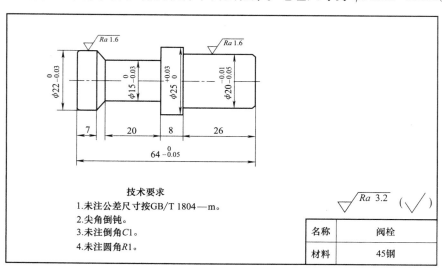

图 2-68　阀栓

1. 识读零件图

本任务为车削阀栓。认真识读图 2-68 所示零件图样，并将读到的信息填入表 2-32。

表 2-32　图样信息

识 读 内 容	读到的信息
零件名称	
零件材料	
零件轮廓要素	
零件图中重要尺寸	
表面质量要求	
技术要求	

2. 选择刀具

本任务选择的刀具为 93°外圆车刀。

 **知识链接**

固定形状粗加工循环指令 G73

G73 指令是适用于铸造或锻造毛坯零件加工的一种循环切削方式。由于铸造或锻造毛坯的形状与零件的形状基本接近，只是外径和长度较成品大一些，形状较为固定，故称之为固定形状粗加工循环。

指令格式：

G73 U(Δi) W(Δk) R ＿；

G73 P ＿ Q ＿ U(Δu) W(Δw) F ＿ S ＿ T ＿；

N (P) …；

$\vdots$　　　　　程序段号 P 到 Q 之间的程序段定义 A→A′→B 的精加工路线（图 2-69）

N (Q) …；

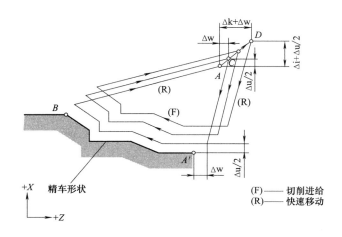

图 2-69　程序段号 P 到 Q 之间的精加工路线

其中，Δi 为沿 X 轴的退刀距离和方向，该参数为模态量，直到指定另一个值前保持不变；Δk 为沿 Z 轴的退刀距离和方向，该参数为模态量，直到指定另一个值前保持不变；R 为循环次数，该参数为模态量；P 为精加工程序第一个程序段的段号；Q 为精加工程序最后一个程序段的段号；Δu 为 X 方向精加工余量；Δw 为 Z 方向精加工余量；F、S、T 为粗加工循环过程中从 P 到 Q 之间的程序段号的任何 F、S、T 功能被忽略，只有 G73 指令中指定的 F、S、T 功能有效。

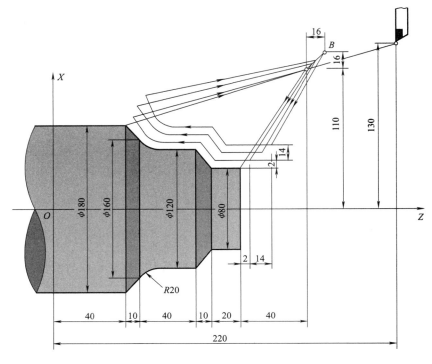

图 2-70　G73 粗加工循环举例

例 2-3　图 2-70 所示为要进行成形粗加工的短轴，X 方向的退刀量为 14mm，Z 方向的退刀量为 14mm，X 方向精加工余量为 0.5mm，Z 方向精加工余量为 0.25mm，循环次数为 3次，粗加工进给量为 0.3mm/r，主轴转速为 260r/min。数控程序如下：

O1234；

N10 T0101；

N12 M03 S260；

N14 G00 X220.0 Z160.0；

N16 G73 U14.0 W14.0 R3；

N18 G73 P20 Q30 U0.5 W0.25 F0.3；

N20 G00 X80.0 W-40；

N22 G01 W-20.0 F0.15；

N24 X120.0 W-10.0；

N26 W-20.0；

N28 G02 X160.0 W-20.0 R20.0；

N30 G01 X180.0 W-10.0；

N32 T0202；

N34 G70 P20 Q30；

N36 G0X220.0 Z160.0 M09；

N38 M30；

1. 零件工艺分析

毛坯尺寸为 $\phi30mm\times66mm$，零件图样如图 2-68 所示。该零件需要加工外圆、锥体、端面及倒角，零件材料为 45 钢，无热处理要求。零件需要调头车削，先加工右端再加工左端。

2. 加工零件右端

（1）建立工件坐标系　在毛坯右端中心处建立工件坐标系，工件原点为轴线与端面的交点，轴向为 Z 方向，径向为 X 方向，如图 2-71 所示。

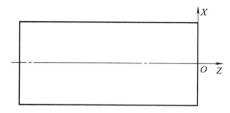

图 2-71　建立工件坐标系

（2）规划走刀路线（图 2-72）

（3）标示并计算基点　标示基点 1、2、3、4、5，如图 2-73 所示。

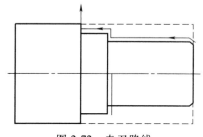

图 2-72　走刀路线

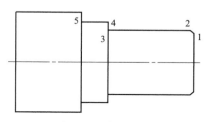

图 2-73　标示基点

通过数学计算，得到各基点坐标，见表 2-33。

表 2-33　右端基点坐标

基　　点	X 坐　标	Z 坐　标
1	18	0
2	20	-1
3	20	-26
4	25	-26
5	25	-36

（4）编制加工程序　加工程序可参考表 2-34。

表 2-34　参考程序

程　　序	说　　明
O0001;	程序名
T0101;	选择 1 号刀具,并执行 1 号刀具偏置
M04 S800;	主轴正转,转速为 800r/min
G00 X32.0 Z2.0;	快速定位至循环起点
G71 U1.0 R1.0;	调用 G71 循环指令,设置背吃刀量及退刀量
G71 P5 Q6 U0.5 W0 F0.3;	指定轮廓程序段号,设置精加工余量及进给量
N5 G00 X18.0;G01 Z0.0 F0.1;	
G01 X20.0 Z-1.0;	
G01 X20.0 Z-26.0;	
G01 X25.0;	轮廓程序开始
G01 W-10.0;	
N6 G01 X30.0;	
G70 P5 Q6;	精加工外圆轮廓
G00 X45.0 Z30.0;	回退至中间点
M30;	程序结束

（5）程序调试与仿真加工　加工步骤见表 2-35。

表 2-35　加工步骤

步　骤	图　例	说　明
定义毛坯	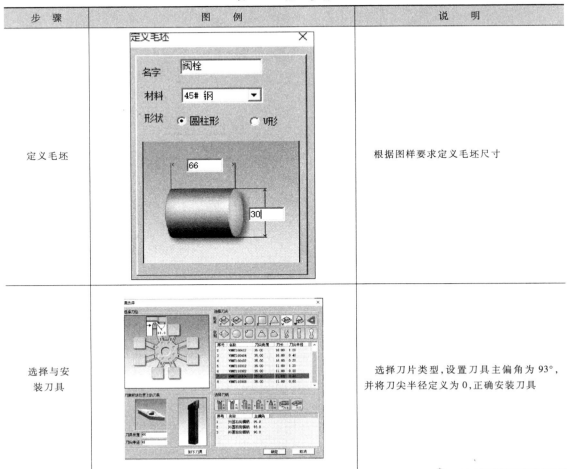	根据图样要求定义毛坯尺寸
选择与安装刀具		选择刀片类型,设置刀具主偏角为 93°,并将刀尖半径定义为 0,正确安装刀具

（续）

步　骤	图　例	说　明
对刀	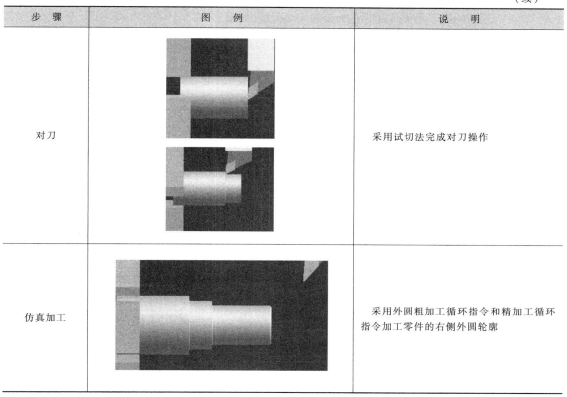	采用试切法完成对刀操作
仿真加工		采用外圆粗加工循环指令和精加工循环指令加工零件的右侧外圆轮廓

3. 加工零件左端

（1）建立工件坐标系　在零件左端中心处建立工件坐标系，工件原点为轴线与端面的交点，轴向为 Z 方向，径向为 X 方向，如图 2-74 所示。

（2）规划走刀路线（图 2-75）

图 2-74　建立工件坐标系　　　　　图 2-75　走刀线路

（3）标示并计算基点　标示基点 1、2、3、4、5、6，如图 2-76 所示。

图 2-76　标示基点

通过数学计算，得到各基点坐标，见表 2-36。

表 2-36　左端基点坐标

基　　点	X 坐　　标	Z 坐　　标
1	20	0
2	22	−1
3	22	−7
4	15	−10
5	15	−30
6	25	−30

（4）编制加工程序　加工程序可参考表 2-37。

表 2-37　参考程序

程　　序	说　　明
O0002;	程序名
T0101;	选择 1 号刀具，并执行 1 号刀具偏置
M03 S800;	主轴正转，转速为 800r/min
G00 X32.0 Z2.0;	快速定位至循环起点
G73 U8.0 W0 R4;	调用 G73 循环指令，设置背吃刀量及退刀量
G73 P1 Q2 U0.5 W0 F0.3;	指定轮廓程序段号，设置精加工余量及进给量
N1 G0 X20.0;	
G01 Z0 F0.2;	
G03 X22.0 Z−1.0 R1.0;	
G01 X22.0 Z−7.0;	轮廓程序开始
G01 X15.0 W−3.0;	
G01 X15.0 W−20.0;	
N2 G01 X30.0;	轮廓程序结束
G70 P1 Q2;	调用精加工循环指令
G00 X40.0 Z30.0;	回退至中间点
M30;	程序结束

（5）程序调试与仿真加工　加工步骤见表 2-38。

表 2-38　加工步骤

步　　骤	图　　例	说　　明
定义毛坯	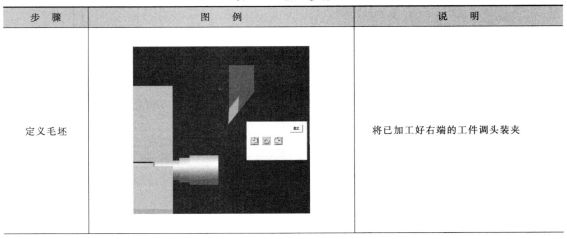	将已加工好右端的工件调头装夹

（续）

步　骤	图　例	说　明
对刀	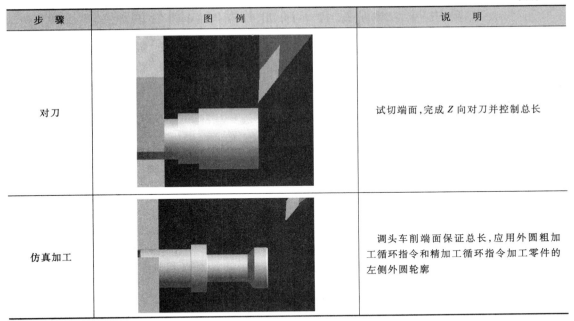	试切端面,完成 Z 向对刀并控制总长
仿真加工		调头车削端面保证总长,应用外圆粗加工循环指令和精加工循环指令加工零件的左侧外圆轮廓

小贴士:

在精加工之前,如需进行换刀,则应注意转刀点的选择。转刀点的位置通常选择在转刀过程中刀具不与工件、顶尖干涉的位置。

试一试

试为图 2-77 所示异形轴零件图样编写粗、精加工程序,并进行仿真加工。毛坯尺寸为 ϕ50mm×85mm,材料为 45 钢。

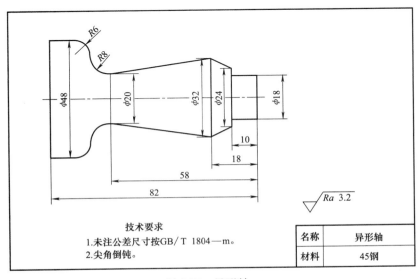

技术要求
1.未注公差尺寸按GB/T 1804—m。
2.尖角倒钝。

名称	异形轴
材料	45钢

图 2-77　异形轴一

模块四　外圆综合车削加工程序编制与调试

学习目标

1. 会识读综合件零件图样
2. 会选择综合件车削的加工工艺并确定工艺参数
3. 能正确选择车削刀具
4. 能使用合适的指令编制轮廓加工程序
5. 能对程序进行调试

学习导入

本模块通过锥柄和球头轴的编程与仿真加工练习，巩固外圆粗加工循环指令的应用。

任务一　锥柄车削加工编程与调试

任务描述

在数控车床上加工图 2-78 所示锥柄零件，要求选择合适的走刀路线及刀具，确定工艺参数，编写零件加工程序，并在仿真软件中调试程序。毛坯尺寸为 $\phi50mm\times85mm$。

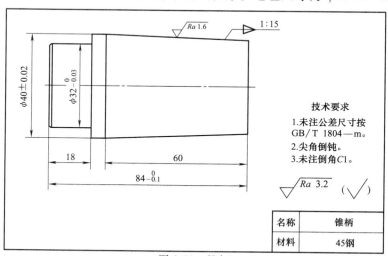

图 2-78　锥柄

任务准备

1. 识读零件图

本任务为车削锥柄外圆。认真识读图 2-78 所示零件图样，并将读到的信息填入表 2-39。

表 2-39　图样信息

识 读 内 容	读到的信息
零件名称	
零件材料	
零件轮廓要素	
零件图中重要尺寸	
表面质量要求	
技术要求	

2. 选择刀具

本任务选择的刀具为 93°外圆车刀。

在生产中，会接触很多带有圆锥面的零件，例如图 2-79 所示的柄部带有圆锥面的零件。这种带有圆锥面的零件的连接方式为圆锥配合。圆锥面配合不仅在车床上应用（图 2-80）广泛，甚至在整个机械加工行业都被广泛采用。圆锥面配合具有以下优点：

1）当圆锥角较小（小于 3°）时，具有自锁作用，可以传递很大的转矩。

2）装拆方便，虽经多次装拆，仍能做到无间隙配合。

3）圆锥面配合同轴度较高。

a) 顶尖　　　　　　　　　　b) 铣刀

图 2-79　带有圆锥面

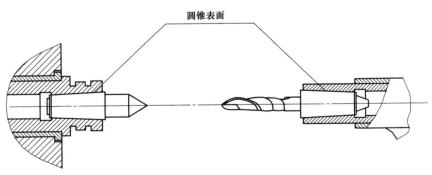

图 2-80　圆锥面配合的应用

1. 莫氏圆锥

莫氏圆锥在机器制造业中应用广泛，如钻头、铰刀、顶尖的柄部，主轴锥孔和尾座锥孔都采用莫氏圆锥。莫氏圆锥按尺寸由大到小有 0、1、2、3、4、5、6 七个号码。例如 CA6140 车床主轴锥孔是莫氏 6 号，尾座锥孔是莫氏 5 号。

2. 米制圆锥

米制圆锥有 4、6、80、100、120、160、200 七个号码。它的号码是指大端直径，锥度固定不变，即 1：20。这也是米制圆锥跟莫氏圆锥的一个区别。例如圆锥销。

3. 锥面各部分的名称

圆锥面的形成是直角三角形 *ABC* 绕直角边 *AB* 旋转一周，斜边 *AC* 形成的空间轨迹所包围的几何体就是一个圆锥体，斜边 *AC* 运动轨迹形成的表面称为圆锥面，直线 *AC* 为圆锥的素线（或母线），如图 2-81 所示。若圆锥体的顶端被截去一部分，就成为圆锥台（或圆锥体）。圆锥面有外圆锥面和内圆锥面两种，具有外圆锥面的几何体称为圆锥体，具有内圆锥面的几何体称为圆锥孔。圆锥各部分名称见表 2-40。

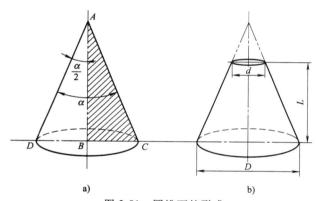

a)   b)

图 2-81　圆锥面的形成

表 2-40　圆锥各部分名称

基本参数	符号	定义
圆锥半角	$\alpha/2$	圆锥角的一半
大端直径	D	圆锥中最长的直径
小端直径	d	圆锥中最短的直径
圆锥长度	L	圆锥大端直径和小端直径之间的垂直距离
锥度	C	圆锥大端直径与小端直径之差和圆锥长度之比

4. 锥面的计算

1）以圆锥半角公式 $\tan(\alpha/2)=(D-d)/(2L)$ 为基础，推导出相关计算公式

$$\tan(\alpha/2)=(D-d)/(2L) \Rightarrow \begin{cases} D=d+2L\tan(\alpha/2) \\ d=D-2L\tan(\alpha/2) \\ L=(D-d)/2\tan(\alpha/2) \end{cases}$$

2）以锥度公式 $C=(D-d)/L$ 为基础，推导出相关计算公式

$$C=(D-d)/L \Rightarrow \begin{cases} D=d+CL \\ d=D-CL \\ L=(D-d)/C \end{cases}$$

▶ **任务实施**

1. 零件工艺分析

毛坯尺寸为 ϕ50mm×85mm，零件图样如图 2-78 所示。该零件需要加工外圆、锥体、端面及倒角，零件材料为 45 钢，无热处理要求。零件需要调头车削，先加工左端再加工右端。

2. 加工零件左端

（1）建立工件坐标系　用自定心卡盘夹持工件毛坯，在毛坯左端中心处建立工件坐标系，工件原点为轴线与端面的交点，轴向为 Z 方向，径向为 X 方向，如图 2-82 所示。

（2）规划走刀路线（图 2-83）

（3）标示并计算基点　标示基点 1、2、3、4、5，如图 2-84 所示。

图 2-82　建立工件坐标系

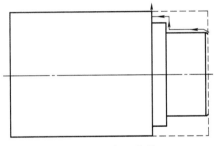

图 2-83　走刀路线

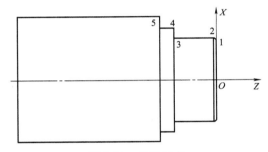

图 2-84　标示基点

通过数学计算，得到各基点坐标，见表 2-41。

表 2-41　左端基点坐标

基　点	X 坐　标	Z 坐　标
1	30	0
2	32	−1
3	32	−18
4	40	−18
5	40	−24

（4）编制加工程序　加工程序可参考表 2-42。

表 2-42　参考程序

程　序	说　明
O0021;	程序名
T0101;	选择 1 号刀具，并执行 1 号刀具偏置
M03 S800;	主轴正转，转速为 800r/min
G00 X50.0 Z60.0;	快速定位至中间点
G00 X45.0 Z2.0;	快速定位至循环起点

（续）

程　　序	说　　明
G71 U1.0 R1.0;	
G71 P3 Q4 U0.5 W0 F0.3;	
N3 G00 X30.0;	
G01 Z0.0 F0.2;	
G01 X32.0 Z-1.0;	精加工外圆轮廓
G01 X32.0 Z-18.0;	
G01 X40.0 Z-18.0;	
G01 X40.0 Z-28.0;	
N4 G01 X45.0;	
G70 P3 Q4;	精加工外圆轮廓
G00 X50.0 Z60.0;	快速回退至中间点
M30;	程序结束

（5）程序调试与仿真加工　加工步骤见表2-43。

表 2-43　加工步骤

步　骤	图　例	说　　明
定义毛坯		根据图样要求定义毛坯尺寸
选择与 安装刀具		选择刀片类型，设置刀具主偏角为93°，并将刀尖半径定义为0，正确安装刀具

（续）

步　骤	图　例	说　明
对刀	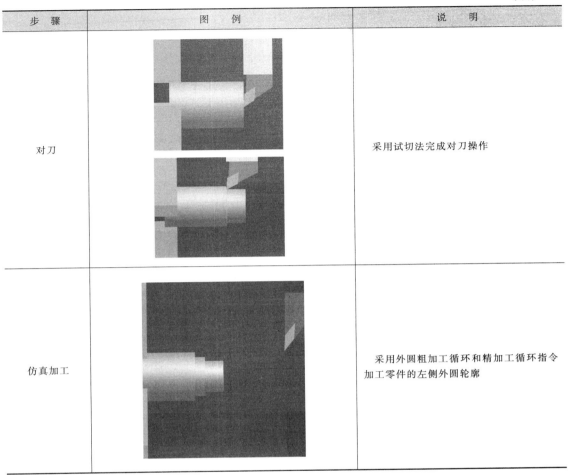	采用试切法完成对刀操作
仿真加工		采用外圆粗加工循环和精加工循环指令加工零件的左侧外圆轮廓

3. 加工零件右端

（1）建立工件坐标系　零件调头装夹，以工件轴线与端面的交点为原点建立工件坐标系，轴向为 Z 方向，径向为 X 方向，如图 2-85 所示。

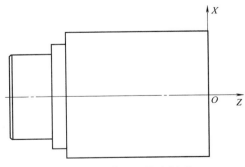

图 2-85　建立工件坐标系

（2）规划走刀路线（图 2-86）

（3）标示并计算基点　标示基点 1、2，如图 2-87 所示。

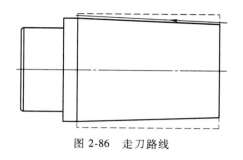

图 2-86 走刀路线

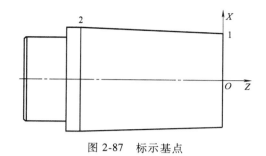

图 2-87 标示基点

通过数学计算，得到各基点坐标，见表 2-44。

表 2-44 右端基点坐标

基　　点	X 坐　标	Z 坐　标
1	36	0
2	40	−60

（4）编制加工程序　加工程序可参考表 2-45。

表 2-45 参考程序

程　　序	说　　明
O0022；	程序名
T0101；	选择 1 号刀具，并执行 1 号刀具偏置
M04 S800；	主轴反转，转速为 800r/min
G00 X50.0 Z50.0；	快速定位至中间点
G00 X45.0 Z2.0；	快速定位至循环起点
G71 U1.0 R1.0；	
G71 P5 Q6 U0.5 W0 F0.3；	
N5 G00 X36.0；	
G01 Z0.0 F0.2；	精加工外轮廓
G01 X40.0 Z−60.0；	
N6 G01 X45.0；	
G00 X50.0 Z50.0；	快速回退至中间点
G42 G00 X45.0 Z2.0	建立刀尖圆弧半径补偿
G70 P5 Q6；	精加工外圆轮廓
G40 G00 X50.0 Z50.0；	取消刀尖圆弧半径补偿
M30；	程序结束

（5）程序调试与仿真加工　加工步骤见表 2-46。

需要注意的是，采用固定循环指令加工内外轮廓时，如果采用了刀尖圆弧半径补偿指令，则仅在精加工过程中才执行刀尖圆弧半径补偿指令，在粗加工过程中不执行刀尖圆弧半径补偿指令。

表 2-46　加工步骤

步　骤	图　例	说　明
定义毛坯	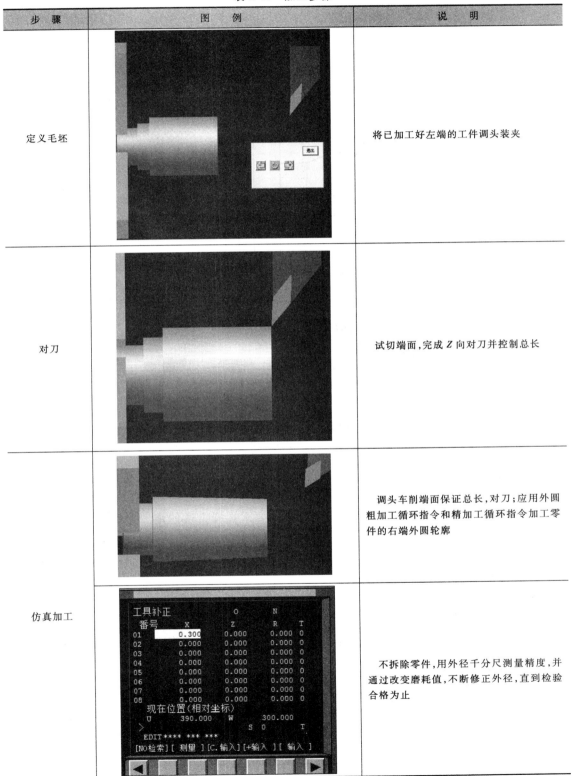	将已加工好左端的工件调头装夹
对刀		试切端面，完成 Z 向对刀并控制总长
仿真加工		调头车削端面保证总长，对刀；应用外圆粗加工循环指令和精加工循环指令加工零件的右端外圆轮廓
		不拆除零件，用外径千分尺测量精度，并通过改变磨耗值，不断修正外径，直到检验合格为止

试一试

试为图 2-88 所示锥面密封件编写粗、精加工程序，并进行仿真加工。毛坯尺寸为 $\phi 50mm \times 70mm$，材料为 45 钢。

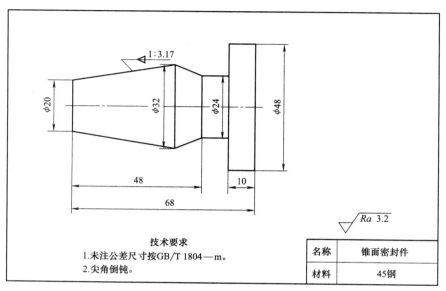

技术要求
1. 未注公差尺寸按GB/T 1804—m。
2. 尖角倒钝。

名称	锥面密封件
材料	45钢

图 2-88　锥面密封件

任务二　球头轴车削加工编程与调试

任务描述

在数控车床上加工图 2-89 所示球头轴零件，要求选择合适的走刀路线及刀具，确定工艺参数，编写零件加工程序，并在仿真软件中调试程序。毛坯尺寸为 $\phi 30mm \times 70mm$。

任务准备

1. 识读零件图

本任务为车削球头轴外圆。认真识读图 2-89 所示零件图样，并将读到的信息填入表 2-47。

表 2-47　图样信息

识读内容	读到的信息
零件名称	
零件材料	
零件轮廓要素	
零件图中重要尺寸	
表面质量要求	
技术要求	

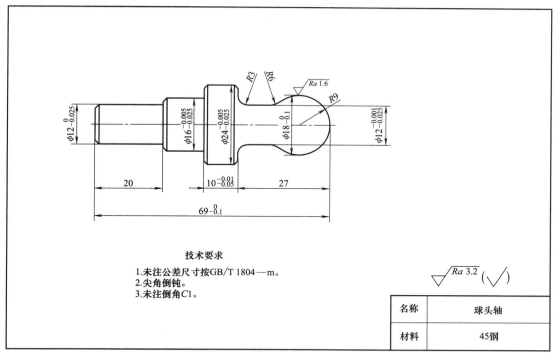

图 2-89　球头轴

2. 选择刀具

本任务中选择的刀具为 93°外圆车刀。

▶ 知识链接

在编制零件加工程序时，有时不能马上通过零件图样获得零件轮廓要素的基点，而需要通过一系列数学计算才能取得基点，例如图 2-90 所示零件图样，就需要计算得到一些圆弧轮廓的起点和终点坐标。

例 2-4　图 2-90 所示为球头手柄，请编制车削凸凹球面的粗、精加工程序。零件毛坯尺寸为 ϕ60mm×100mm，材料为 45 钢。

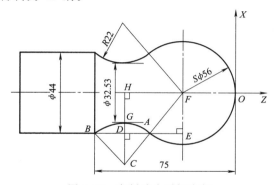

图 2-90　车削球头手柄实例

解：1）计算圆弧起点和终点坐标。两圆弧相切于点 A。

因为 $AF = 28\text{mm}$，$AC = 22\text{mm}$，

所以 $CF = AF + AC = 28\text{mm} + 22\text{mm} = 50\text{mm}$，

$CH = CG + GH = 22\text{mm} + 16.265\text{mm} = 38.265\text{mm}$，

所以 $HF = \sqrt{CF^2 - CH^2} = \sqrt{50^2 - 38.265^2}\text{mm} \approx 32.184\text{mm}$.

因为 $\dfrac{DA}{HF} = \dfrac{CA}{CF}$，

所以 $DA = \dfrac{HF \cdot CA}{CF} = \dfrac{32.184\text{mm} \times 22\text{mm}}{50\text{mm}} \approx 14.161\text{mm}$，

所以 $AE = HF - DA = 32.184\text{mm} - 14.161\text{mm} = 18.023\text{mm}$，

所以点 A 的 Z 向坐标：$Z_A = -(28\text{mm} + 18.023\text{mm}) = -46.023\text{mm}$，

$$EF = \sqrt{AF^2 - AE^2} = \sqrt{28^2 - 18.023^2}\text{mm} = 21.428\text{mm}，$$

所以点 A 的 X 向坐标：$X_A = 21.428\text{mm} \times 2 = 42.857\text{mm}$，

圆弧的起点和终点为 $O(0, 0)$；$A(42.857, -46.023)$，$B(44, -75)$。

2）参考程序见表 2-48。

表 2-48　参考程序

程　　序	说　　明
O0021；	程序名
T0101；	选择 1 号刀具，并执行 1 号刀具偏置
M03 S800；	主轴正转，转速为 800r/min
G00 X60.0 Z60.0；	快速定位至中间点
G00 X58.0 Z2.0；	快速定位至循环起点
G73 U14 W0 R7；	封闭切削复合循环
G73 P15 Q25 U0.5 W0 F0.3；	
N15 G0 X0 Z2.0；	精加工轮廓
G01 X0 Z0 F0.2；	
G03 X42.857 Z-46.023 R28；	
G02 X44.0 Z-75.0 R22.0；	
G01 X44.0 W-12.0；	
N25 G01 X58.0；	
G42 G70 P15 Q25；	精加工循环
G40 G00 X60.0 Z60.0；	退刀
M30；	程序结束

 **任务实施**

1. 零件工艺分析

毛坯尺寸为 $\phi30\text{mm} \times 70\text{mm}$，零件图如图 2-89 所示。该零件需要加工外圆、球面、端面及倒角，零件材料为 45 钢，无热处理要求。零件需要调头车削，先加工左端再加工右端。

2. 加工零件左端

（1）建立工件坐标系　在毛坯的左端中心处建立工件坐标系，工件原点为轴线与端面的交点，轴向为 Z 方向，径向为 X 方向，如图 2-91 所示。

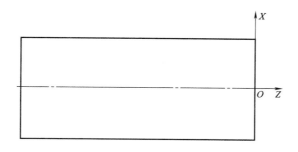

图 2-91　建立工件坐标系

（2）规划走刀路线（图 2-92）

（3）标示并计算基点　标示基点 1、2、3、4、5、6、7、8、9，如图 2-93 所示。

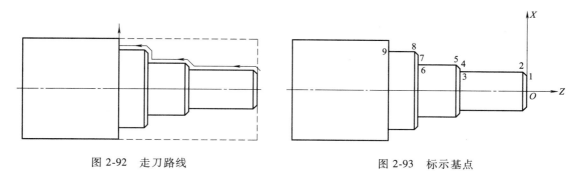

图 2-92　走刀路线　　　　　　　　　图 2-93　标示基点

通过数学计算，得到各基点坐标，见表 2-49。

表 2-49　左端基点坐标

基　点	X 坐　标	Z 坐　标
1	10	0
2	12	−1
3	12	−20
4	14	−20
5	16	−21
6	16	−32
7	22	−32
8	24	−33
9	24	−42

（4）编制加工程序　加工程序可参考表 2-50。

表 2-50　参考程序

程　　序	说　　明
O0031；	程序名
T0101；	选择 1 号刀具，并执行 1 号刀具偏置
M03 S800；	主轴正转，转速为 800r/min
G00 X50.0 Z50.0；	快速定位至中间点
G00 X25.0 Z2.0；	快速定位至循环起点
G71 U1.0 R1.0；	
G71 P8 Q9 U0.5 W0 F0.3；	
N8 G42 G00 X10.0；	
G01 Z0.0 F0.2；	
G01 X12.0 Z-1.0；	
G01 Z-20.0；	
G01 X14.0；	精加工外圆轮廓
G01 X16.0 W-1.0；	
G01 W-11.0；	
G01 X22.0；	
G01 X24.0 W-1.0；	
G01 W-10.0；	
N9 G40 G01 X25.0；	
G70 P8 P9；	精加工外圆轮廓
G00 X50.0 Z50.0；	退刀
M30；	程序结束

（5）程序调试与仿真加工　加工步骤见表 2-51。

表 2-51　加工步骤

步　　骤	图　　例	说　　明
定义毛坯	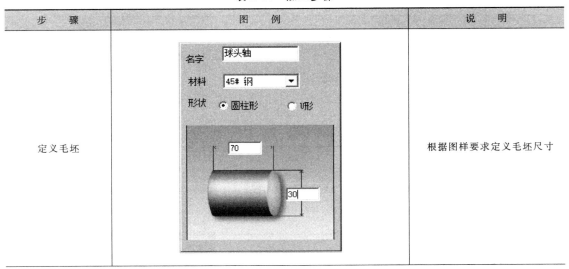	根据图样要求定义毛坯尺寸

（续）

步　骤	图　例	说　明
选择与安装刀具	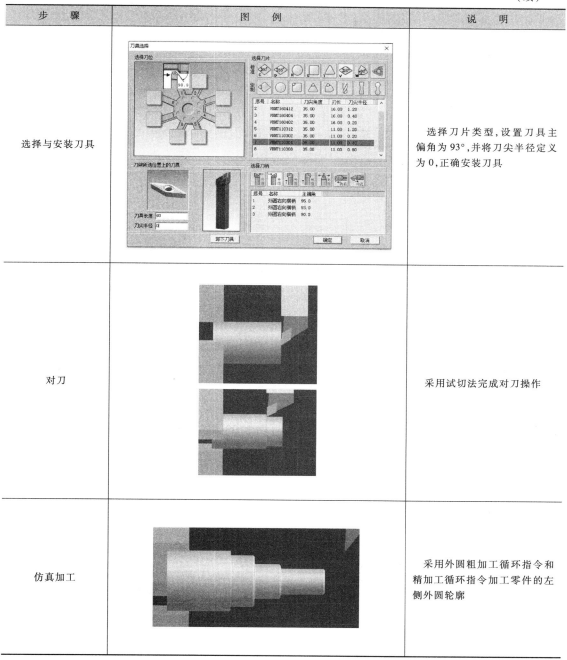	选择刀片类型,设置刀具主偏角为 93°,并将刀尖半径定义为 0,正确安装刀具
对刀		采用试切法完成对刀操作
仿真加工		采用外圆粗加工循环指令和精加工循环指令加工零件的左侧外圆轮廓

3. 加工零件右端

（1）建立工件坐标系　在工件的右端建立工件坐标系,工件原点为轴线与端面的交点,轴向为 Z 方向,径向为 X 方向,如图 2-94 所示。

（2）规划走刀路线　（图 2-95）

（3）标示并计算基点　标示基点 1、2、3、4、5、6,如图 2-96 所示。

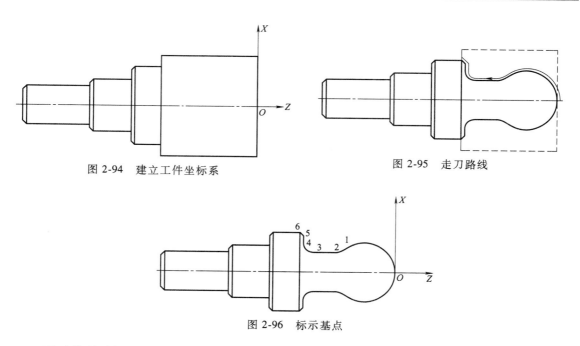

图 2-94　建立工件坐标系　　　　　图 2-95　走刀路线

图 2-96　标示基点

通过数学计算，得到各基点坐标，见表 2-52。

表 2-52　基点坐标

基　点	X　坐　标	Z　坐　标
1	14.4	−14.4
2	12	−18
3	12	−24
4	18	−27
5	22	−27
6	24	−28

（4）编制加工程序　加工程序可参考表 2-53。

表 2-53　参考程序

程　序	说　明
O0032;	程序名
T0101;	选择 1 号刀具，并执行 1 号刀具偏置
M04 S800;	主轴反转，转速为 800r/min
G00 X50.0 Z50.0;	快速定位至中间点
G00 X25.0 Z2.0;	快速定位至循环起点
G73 U12.0 W0 R10;	
G73 P10 Q20 U0.5 W0 F0.3;	
N10 G00 X0.0;	精加工外轮廓
G01 Z0.0 F0.1;	

（续）

程　序	说　明
G03 X14.4 Z-14.4 R9.0;	精加工外轮廓
G02 X12.0 Z-18.0 R6.0;	
G01 X12.0 Z-24.0;	
G02 X18.0 Z-27.0 R3.0;	
G01 X22.0 Z-27.0;	
G01 G01 X24.0 W-1.0;	
N20 G01 X25.0;	
G00 X50.0 Z50.0;	退刀
G42 G00 X25.0 Z2.0;	建立刀尖圆弧半径补偿
G70 P10 Q20;	精加工外圆轮廓
G40 G00 X50.0 Z50.0;	取消刀尖圆弧半径补偿
M30;	程序结束

（5）程序调试与仿真加工　加工步骤见表2-54。

表2-54　加工步骤

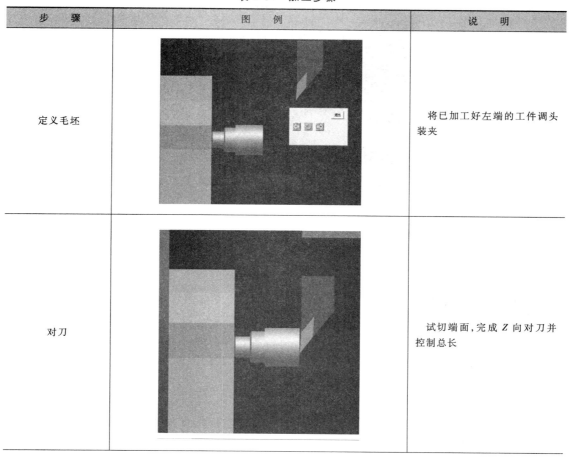

步　骤	图　例	说　明
定义毛坯		将已加工好左端的工件调头装夹
对刀		试切端面，完成 Z 向对刀并控制总长

（续）

步 骤	图 例	说 明
仿真加工	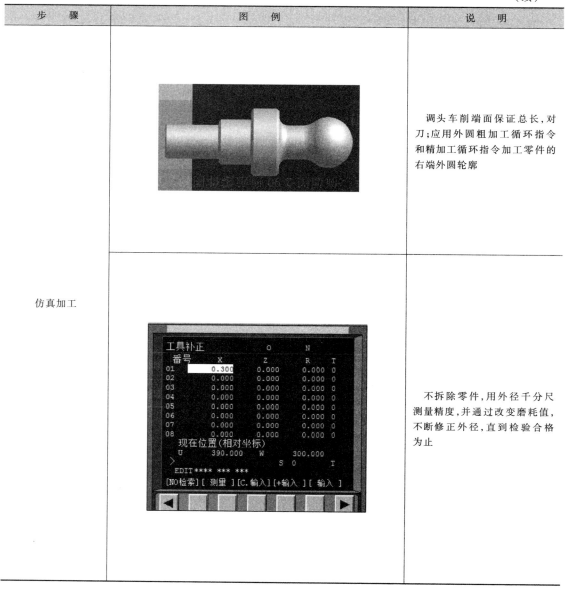	调头车削端面保证总长,对刀;应用外圆粗加工循环指令和精加工循环指令加工零件的右端外圆轮廓 不拆除零件,用外径千分尺测量精度,并通过改变磨耗值,不断修正外径,直到检验合格为止

小贴士:

　　G73 循环指令主要用于车削固定轨迹的轮廓。这种复合循环可以高效地切削铸造成形、锻造成形或已初车成形的工件。对不具备类似成形条件的工件,如果采用 G73 指令进行编程与加工,反而会增加刀具在切削过程中的空行程,而且也不便于计算粗加工余量。采用 G73 循环指令加工的轮廓形状,没有单调递增或递减形式的限制。

 试一试

　　试为图 2-97 所示零件编制粗、精加工程序,并进行仿真加工。毛坯尺寸为 $\phi50\text{mm}\times$ 55mm,材料为 45 钢。

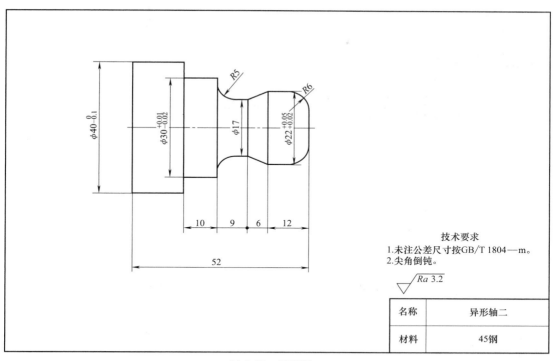

图 2-97　异形轴二

技术要求
1.未注公差尺寸按GB/T 1804—m。
2.尖角倒钝。
$\sqrt{Ra\,3.2}$

名称	异形轴二
材料	45钢

项目三

内轮廓车削加工程序编制与调试

套类零件是机械加工中经常遇到的典型零件之一，主要用来与轴类零件进行孔轴配合，起到支承传动零部件、传递转矩和承受载荷的作用。

套类零件通常由端面、圆柱直孔、台阶孔、内沟槽和内螺纹等组成。本项目重点研究圆柱直孔、台阶孔的数控加工程序编制与仿真加工。

模块一　圆柱直孔钻削与车削加工程序编制与调试

学习目标

1. 会识读套筒零件图
2. 会选择适合套筒的加工工艺并确定工艺参数
3. 能正确选择套筒钻削刀具（钻头）和车削刀具（内孔车刀）
4. 能使用指令编制简单轮廓加工程序
5. 能对程序进行调试

学习导入

车削端面和外圆，在机械加工中是一项最基本的技能，同时直孔和台阶孔也是一个零件最基本的结构，而直孔和台阶孔的车削是车削加工中的另一项基本技能。本模块重点介绍了端面啄式钻孔循环指令，灵活运用循环切削指令编制孔加工程序。

任务一　钻削件加工编程与调试

在数控机床上加工图 3-1 所示钻削件，要求选择合适的走刀路线及刀具，确定工艺参数，编写零件加工程序，并在仿真软件中调试程序。毛坯尺寸为 $\phi40mm \times 50mm$，其中 $\phi40mm$ 的外圆已加工至尺寸。

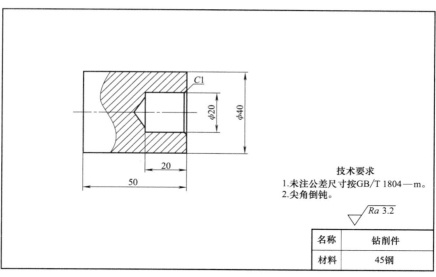

图 3-1　钻削件

1. 识读零件图

本任务为钻削内圆柱面。认真识读图 3-1 所示零件图样，并将读到的信息填入表 3-1。

表 3-1　图样信息

识 读 内 容	读到的信息
零件名称	
零件材料	
表面质量要求	
技术要求	

2. 选择刀具

本任务选择的刀具类型见表 3-2。

表 3-2　加工刀具

刀　　具	名　　称
	麻花钻

如何选择钻头？

钻削时应怎样保持麻花钻与工件轴线的一致性？

 **知识链接**

用钻头在工件实件部位加工孔称为钻孔。钻头种类很多，常用的有麻花钻、扁钻、深孔钻、扩孔钻、锪钻和中心钻。

（1）麻花钻　麻花钻（图3-2）是应用最广泛的孔加工刀具。它主要由工作部分和柄部构成。工作部分包括螺旋面构成的容屑槽和刃瓣，形状像麻花一样，因而得名。麻花钻的螺旋角主要影响切削刃上前角的大小、刃瓣强度和排屑性能，通常为 $25°\sim32°$。螺旋形沟槽可用铣削、磨削、热轧或热挤压等方法加工，钻头的前端经刃磨后形成切削部分。两条主切削刃在与其平行的平面内的投影之间的夹角称为顶角，标准麻花钻的顶角为 $118°$。横刃与主切削刃在端面上投影之间的夹角称为横刃斜角，横刃斜角（横刃角的补角）为 $50°\sim55°$。由于结构上的原因，前角在外缘处为 $30°$ 到钻心处接近 $0°$，甚至是负值，在钻削时起挤压作用。

图3-2　麻花钻

麻花钻的柄部形式有直柄和锥柄两种，加工时，直柄麻花钻装夹在钻夹头中，而锥柄麻花钻则插在机床主轴或尾座的锥孔中。麻花钻多用高速钢制成。镶焊硬质合金刀片或齿冠的麻花钻适于加工铸铁、淬硬钢和非金属材料等，整体硬质合金小麻花钻用于加工仪表零件和印制电路板等。

（2）扁钻　扁钻（图3-3）的切削部分为铲形，结构简单，制造成本低，切削液能轻易导入孔中，但因前角小且没有螺旋形沟槽，所以切削和排屑性能较差。扁钻的结构有整体式和装配式两种。整体式扁钻主要用于钻削直径为 $0.03\sim0.5mm$ 的微孔。装配式扁钻刀片可换，主要用于钻削直径为 $25\sim500mm$ 的大孔。

（3）深孔钻　深孔钻通常是指加工孔深与孔径之比大于 6 的孔的刀具，常用的有枪钻、BTA深孔钻、喷射钻和DF深孔钻等。套料钻也常用于深孔加工。

（4）扩孔钻　扩孔钻有 $3\sim4$ 个刀齿，其刚性比麻花钻好，用于扩大已有的孔并提高孔的加工精度，减小表面粗糙度值。

图3-3　扁钻

（5）锪钻　锪钻（图3-4）有较多的刀齿，以成形法将孔端加工成所需的外形，用于加工各种沉头螺钉的沉头孔，或钻削平孔的外端面。

（6）中心钻　中心钻供钻削轴类工件的中心孔用，它实质上是由螺旋角很小的麻花钻和锪钻复合而成的，故又称复合中心钻。

1. 端面啄式钻孔循环指令 G74

指令格式：

G74 R（e）；

G74 X（U）Z（W）P（Δi）Q（Δk）R（Δd）F（f）；

其中，e 为退刀量，该参数为模态量，直到指定另一个值前保持不变；X 为点 B 的 X 坐标；U 为点 A 至点 B 的 X 坐标增量；Z 为点 C 的 Z 坐标；W 为点 A 至点 C 的 Z 坐标增量；Δi 为 X 方向的移动量，用不带符号的量

图 3-4 锪钻

表示，单位为 μm；Δk 为 Z 方向的移动量，用不带符号的量表示，单位为 μm；Δd 为切削底部的刀具退刀量，符号一定是为正，但如果 U、Δi 省略，可用所要的正负符号指定刀具退刀量；f 为进给速度。

G74 指令刀具动作如图 3-5 所示。在本循环可处理断屑，如果省略 X（U）及 P（Δi）功能，刀具只在 Z 方向动作，可用于钻孔。

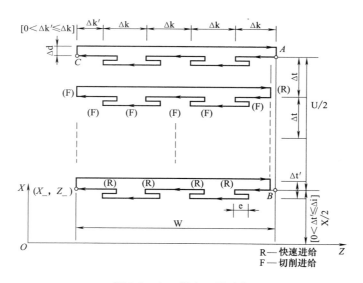

图 3-5 G74 指令刀具动作

2. 安装麻花钻的方法

在车床上安装麻花钻的方法一般有以下三种：

（1）用钻夹头安装 这种装夹方法适用于安装直柄钻头。由于它是利用钻夹头的锥柄插入车床尾座套筒内，钻头插入钻夹头后再用钥匙夹紧来进行安装的，所以一般只能安装 $\phi 13mm$ 以下的直柄钻头。

（2）用钻套安装 当锥柄钻头的锥柄号码与车床尾座的锥孔号码相符时，锥柄麻花钻可以直接插入车床尾座套筒内；当二者的号码不同时，需要使用钻套。例如，钻头锥柄是 2 号，而车床尾座套筒锥孔是 4 号，那么就要用内 2 外 3 和内 3 外 4 两只钻套，先将两只钻套

套在钻头上，然后再装到车床尾座上。从钻套中取出钻头时，必须使用专用的斜铁从钻套尾端的腰形孔中插入，轻轻敲击斜铁后，钻头就会被挤出。

（3）用 V 形块安装　这种方法是将钻头安装在刀架上，不使用车床尾座安装。只要应用两块 V 形块把钻头（直柄钻头）安装在刀架上，高低对准中心，即可应用自动进给。

 任务实施

1. 建立工件坐标系

工件坐标系建立在工件的右端面，工件原点为轴线与端面的交点，轴向为 Z 方向，径向为 X 方向，如图 3-6 所示。

2. 标示并计算基点

标示基点 1、2，如图 3-7 所示。

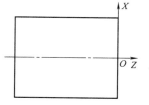

图 3-6　建立工件坐标系

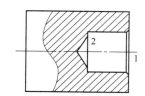

图 3-7　标示基点

通过数学计算，得到各基点坐标，见表 3-3。

表 3-3　基点坐标

基　　点	X 坐　标	Z 坐　标
1	0	5
2	0	−20

3. 编制加工程序

加工程序可参考表 3-4。

表 3-4　参考程序

程　　序	说　　明
O0001;	程序名
T0101;	选择 1 号刀具（钻头）
M03 S200;	主轴正转，转速为 200r/min
G00 X 0.0 Z5.0;	定位切削起点
G74 R1.0;	每次 Z 向进给后的退刀量为 1mm
G74 Z−20.0 Q5000 F0.1;	每次 Z 向进给量为 5mm，每次循环进给至 Z 向−20 为止
G28 U0 W0;	回到参考点
M30;	程序结束并复位

4．程序调试与仿真加工

加工步骤见表 3-5。

表 3-5　加工步骤

步　骤	图　例	说　明
定义毛坯	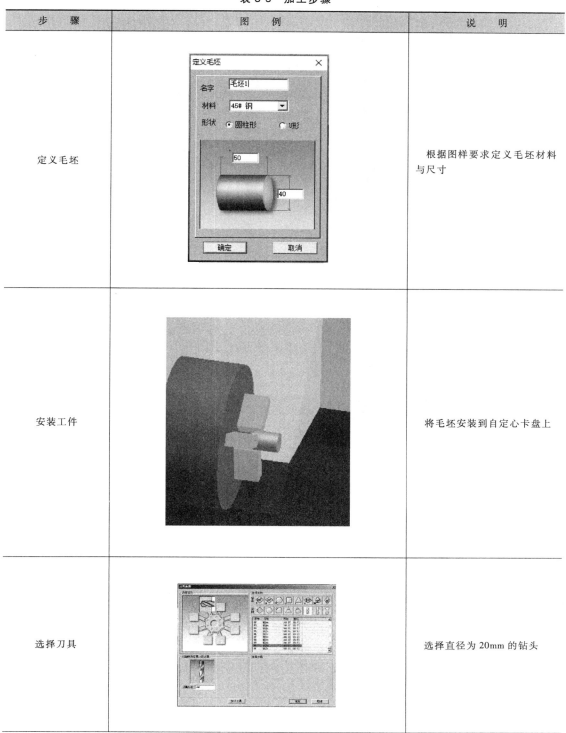	根据图样要求定义毛坯材料与尺寸
安装工件		将毛坯安装到自定心卡盘上
选择刀具		选择直径为 20mm 的钻头

（续）

步　　骤	图　　例	说　　明
装刀对刀	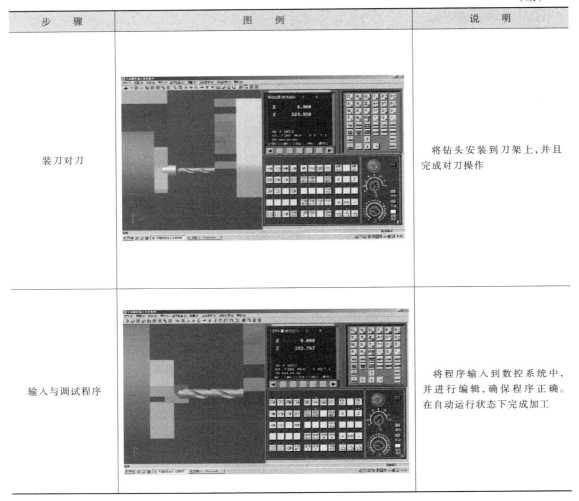	将钻头安装到刀架上，并且完成对刀操作
输入与调试程序		将程序输入到数控系统中，并进行编辑，确保程序正确。在自动运行状态下完成加工

任务二　套筒内孔车削加工编程与调试

 任务描述

在数据机床上加工图 3-8 所示套筒，要求选择合适的走刀路线及刀具，确定工艺参数，编写零件加工程序，并在仿真软件中调试程序。毛坯尺寸为 $\phi40\text{mm}\times50\text{mm}$，其中 $\phi40\text{mm}$ 的外圆已加工至尺寸。

 任务准备

1. 识读零件图

本任务为车削内圆柱面。认真识读图 3-8 所示零件图样，并将读到的信息填入表 3-6。

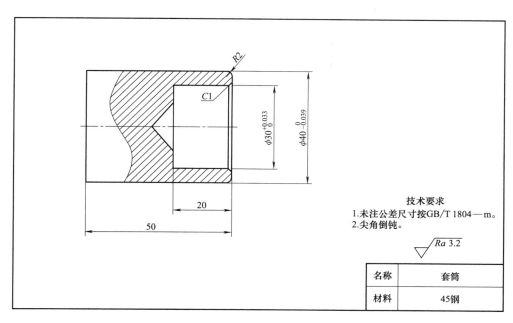

图 3-8　套筒

表 3-6　图样信息

识 读 内 容	读到的信息
零件名称	
零件材料	
零件图中重要尺寸	
表面质量要求	
技术要求	

2. 选择刀具

55°内孔车刀（镗刀）。

▶ **知识链接**

镗孔是对锻出、铸出或钻出孔的进一步加工，镗孔可扩大孔径，提高孔的尺寸精度，减小孔的表面粗糙度值，还可以较好地纠正原来孔轴线的偏斜。

1. 常用镗刀种类

常用镗刀包括通孔镗刀和不通孔镗刀两种类型。

（1）通孔镗刀　镗通孔用的普通镗刀（图 3-9）。为减小径向切削分力，避免刀杆弯曲变形，一般主偏角为 45°~75°，常取 60°~70°。

（2）不通孔镗刀　镗台阶孔和不通孔用的镗刀，其主偏角大于 90°，一般取 95°。

2. 安装镗刀时的注意事项

安装镗刀时需要注意以下三点：

1）刀杆伸出刀架处的长度应尽可能短，以增加刚性，避免因刀杆弯曲变形而使孔产生锥形误差。

2）刀尖应略高于工件旋转中心，以减小振动和避免发生扎刀现象，防止镗刀下部碰坏孔壁，影响加工精度。

3）刀杆要装正，不能歪斜，以防止刀杆碰坏已加工表面。

图 3-9　镗刀

3. 安装工件时的注意事项

安装工件时，需要注意以下内容：

1）装夹铸孔或锻孔毛坯工件时，一定要根据内外圆找正，既要保证内孔有加工余量，又要保证与非加工表面的相互位置要求。

2）装夹薄壁孔件时，不可夹得太紧，否则会使工件产生变形，影响镗孔精度。对于精度要求较高的薄壁孔类零件，在粗加工之后、精加工之前，应稍将卡爪放松，但夹紧力要大于切削力，再进行精加工。

4. 镗孔的方法

由于镗刀刀杆刚性差，加工时容易产生变形和振动，为了保证镗孔质量，精镗时一定要采用试切方法，选用比精车外圆更小的背吃刀量 a_p 和进给量 f，并要多次走刀，以消除孔的锥形误差。

镗台阶孔和不通孔时，应在刀杆上用粉笔或划针做记号，以控制镗刀进入的长度。镗孔生产率较低，但镗刀制造简单，大直径和非标准直径的孔都可加工，通用性强，多用于单件小批量生产中。

5. 切削指令的选用

当材料轴向切除量比径向多时，使用 G90 指令进行编程；当材料的径向切除量比轴向多时，使用 G94 指令进行编程。使用循环切削指令，刀具必须先定位至循环起点，再执行循环切削指令，且完成一次循环切削后，刀具仍回到此循环起点。G90、G94 指令内容已在模块二中有所说明，此处不赘述。

1. 建立工件坐标系

工件坐标系建立在工件的右端面，工件原点为轴线与端面的交点，轴向为 Z 方向，径向为 X 方向，如图 3-10 所示。

2. 规划走刀路线

分五次切削，走刀路线如图 3-10 所示。

3. 标示并计算基点

标示基点 1、2、3、4、5，如图 3-10 所示。

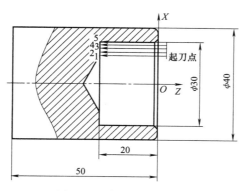

图 3-10　建立工件坐标系

通过数学计算，得到各基点坐标，见表 3-7。

表 3-7　基点坐标

基　　点	X 坐　标	Z 坐　标
1	20	5
2	22	−20
3	24	−20
4	26	−20
5	28	−20

4. 编制加工程序

加工程序可参考表 3-8。

表 3-8　参考程序

程　　序	说　　明
O0002；	程序名
T0202；	选择 2 号刀具（内孔车刀）
M04 S1000；	主轴反转，转速为 1000r/min
G00 X20.0 Z5.0；	定位至切削起点，坐标点（20,5）处
G90 X22.0 Z−20.0 F0.1；	第一次循环切削至坐标点（22,−20）处
X24.0；	第二次循环切削至坐标点（24,−20）处
X26.0；	第三次循环切削至坐标点（26,−20）处
X28.0；	第四次循环切削至坐标点（28,−20）处
X30.0；	第五次循环切削至坐标点（30,−20）处
G28 U0 W0；	返回参考点
M30；	程序结束

模块二 台阶孔车削加工程序编制与调试

 学习目标

1. 会识读盘套类（含台阶孔）零件图
2. 会选择适合推杆的加工工艺、确定工艺参数
3. 能正确选择车削刀具（内孔车刀），能在数控仿真系统上完成内孔车刀的对刀
4. 能使用指令编制简单轮廓加工程序
5. 能对程序进行调试

学习导入

本模块介绍的零件是一个含有台阶孔的盘套类零件，该零件的内轮廓里有逆时针圆弧过渡和顺时针圆弧过渡，通过案例的实训，进一步掌握有台阶孔的零件的数控车削加工方法。

任务 盘套车削加工编程与调试

▶ 任务描述

在数控机床上加工图 3-11 所示盘套零件，要求选择合适的走刀路线及刀具，确定工艺参数，编写零件加工程序，并在仿真软件中调试程序。毛坯尺寸为 $\phi80mm \times 40mm$（孔 $\phi20mm$），其中 $\phi80mm$ 的外圆已加工至尺寸。

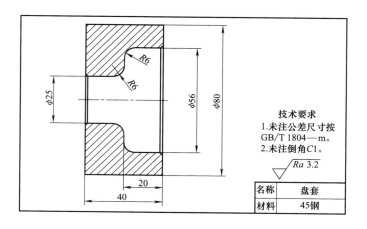

图 3-11 盘套

1. 识读零件图

本任务为车削内阶梯孔。认真识读图 3-11 所示零件图样，并将读到的信息填入表 3-9。

表 3-9 图样信息

识 读 内 容	读到的信息
零件名称	
零件材料	
零件轮廓要素	
表面质量要求	
技术要求	

2. 选择刀具

本任务选择刀具的类型见表 3-10。

表 3-10 加工刀具

刀 具	名 称
	内孔镗刀

内孔加工工艺一般怎么安排？

知识链接

1. 单刃镗刀镗削的特点

1）镗削的适应性强。镗削可在钻出、铸出和锻出的孔的基础上进行。其可达的尺寸公差等级和表面粗糙度值的范围较广。除直径很小且较深的孔以外，各种直径和各种结构类型的孔几乎均可镗削。

2）镗削可有效地找正原孔的位置误差，但因镗杆直径受到孔径的限制，加之镗杆刚性较差，在镗孔过程中镗杆易产生弯曲和振动，故镗削质量的控制（特别是细长孔）不如铰削方便。

3）镗削的生产率低。因为镗削需要使用较小的背吃刀量和进给量进行多次走刀，以减小刀杆的弯曲变形，且在镗床和铣床上镗孔需调整镗刀在刀杆上的径向位置，故操作复杂且费时。

4）镗削广泛应用于单件小批生产中各类零件的孔加工。在大批量生产中，镗削支架和箱体的轴承孔需用镗模。

2．镗孔的精度

镗孔是用镗刀对已钻出、铸出或锻出的孔做进一步的加工，可在车床、镗床或铣床上进行。镗孔是常用的孔加工方法之一，可分为粗镗、半精镗和精镗。粗镗的尺寸公差等级为IT12~IT13，表面粗糙度 Ra 值为 $6.3~12.5\mu m$；半精镗的尺寸公差等级为IT9~IT10，表面粗糙度 Ra 值为 $3.2~6.3\mu m$；精镗的尺寸公差等级为IT7~IT8，表面粗糙度 Ra 值为 $0.8~1.6\mu m$。

1．建立工件坐标系

工件坐标系建立在工件的右端面，工件原点为轴线与端面的交点，轴向为 Z 方向，径向为 X 方向，如图 3-12 所示。

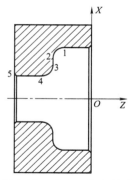

图 3-12　建立工件坐标系

2．规划走刀路线

沿精加工路线（内轮廓线）进行编程。

3．标示基点

标示基点 1、2、3、4、5，如图 3-12 所示。

通过数学计算，得到各基点坐标，见表 3-11。

表 3-11　基点坐标

基　　点	X 坐　标	Z 坐　标
1	56	-14
2	44	-20
3	37	-20
4	25	-26
5	25	-42

4．编制加工程序

加工程序可参考表 3-12。

表 3-12　参考程序

程　序	说　明
O0002;	程序名
T0202;	选择 2 号刀具(内孔镗刀)
M04 S1000;	主轴反转,转速为 1000r/min
G00 X19.0 Z5.0;	定位切削起点坐标(19,5)
M08;	打开切削液
G71 U1.0 W0 R0.5;	每次 X 方向的背吃刀量为 1mm,X 方向的退刀量为 0.5mm
G71 P1 Q2 U-0.5 W0 F0.25;	注意:G71 指令中进刀的方向与外轮廓的方向相反。所以,U 为负值。精加工 X 方向的余量为 0.5mm
N1 G01 X56.0;	
Z2.0;	精加工路线起点坐标(56,2)
X56.0 Z-14.0;	精加工路线直线插补到坐标点(56,-14)处
G03 X44.0 Z-20.0 R6.0;	精加工路线逆时针圆弧插补到坐标点(44,-20)处,半径为 6mm
G01 X37.0;	精加工路线直线插补到坐标点(37,20)处
G02 X25.0 Z-26.0 R6.0;	精加工路线顺时针圆弧插补到坐标点(25,-26)处,半径为 6mm
G01 Z-42.0;	精加工路线直线插补到坐标点(25,-42)处
N2 X19.0;	精加工路线退刀到坐标点(19,-42)处
M00;	程序暂停
T0202;	选择 2 号刀具(内孔镗刀)
M04 S1200 M08;	主轴反转,转速为 1200r/min
G00 G41 X19.0 Z5.0;	快速移动到循环起点坐标(19,5)处,并加入刀尖圆弧半径左补偿
G70 P1 Q2 F0.1;	运行精加工路线
G00 G40 X19.0 Z100.0;	退到安全换刀点坐标(19,100)处,并取消刀尖圆弧半径补偿
M09;	关闭切削液
M05;	主轴停
M30;	程序结束

5. 程序调试与仿真加工

加工步骤见表 3-13。

表 3-13　加工步骤

步　骤	图　例	说　明
定义毛坯		根据图样要求定义毛坯尺寸与材料

（续）

步　骤	图　例	说　明
安装工件	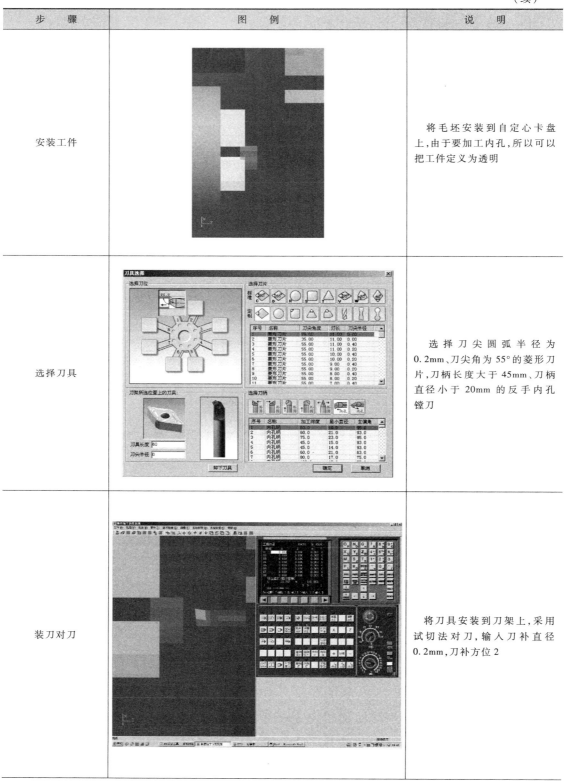	将毛坯安装到自定心卡盘上，由于要加工内孔，所以可以把工件定义为透明
选择刀具		选择刀尖圆弧半径为0.2mm、刀尖角为55°的菱形刀片，刀柄长度大于45mm、刀柄直径小于20mm的反手内孔镗刀
装刀对刀		将刀具安装到刀架上，采用试切法对刀，输入刀补直径0.2mm，刀补方位2

（续）

步　骤	图　例	说　明
输入与调试程序	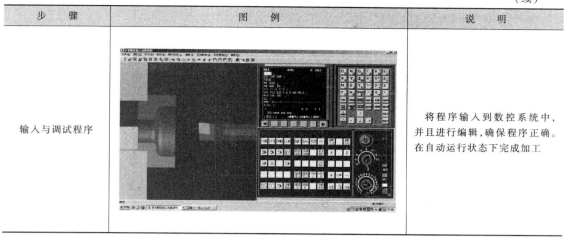	将程序输入到数控系统中，并且进行编辑，确保程序正确。在自动运行状态下完成加工

 试一试

　　试为图 3-13 所示旋钮零件编写数控加工程序，并进行仿真加工。毛坯尺寸为 φ85mm×45mm，材料为 45 钢。

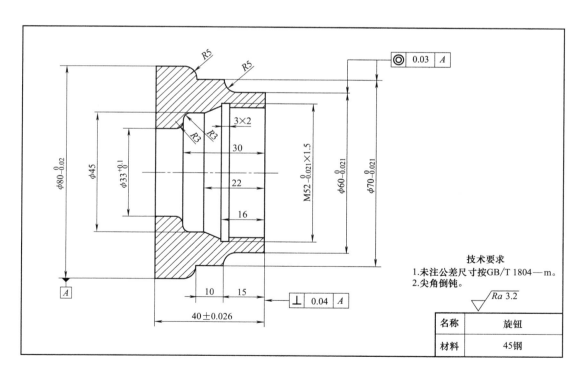

图 3-13　旋钮

项目四

槽的车削加工程序编制与调试

轴类零件表面有多种类型的槽（图 4-1）。槽的常用用途包括退刀、贮油和密封等。

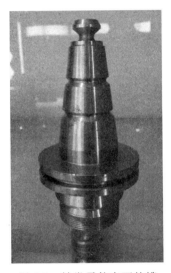

图 4-1　轴类零件表面的槽

模块一　外沟槽车削加工编程与调试

学习目标

1. 会识读外沟槽零件图
2. 会选择适合外沟槽的加工工艺并确定工艺参数
3. 能正确选择外沟槽车削刀具
4. 能编制外沟槽加工程序
5. 能对外沟槽加工程序进行调试

学习导入

槽的车削加工是机械加工中一项最基本的技能，本模块将外沟槽车削作为目标任务，以引导学生完成并掌握外沟槽车削加工及编程方法。

任务一　窄槽车削加工编程与调试

 **任务描述**

在数控机床上加工图 4-2 所示外圆窄槽零件，已知 ϕ42mm 及 ϕ40mm 的外圆已加工到尺寸，零件材料为 45 钢，现需加工 4mm×4mm 的退刀槽。要求选择合适的走刀路线及刀具，确定工艺参数，编写零件加工程序，并在仿真软件中调试程序。

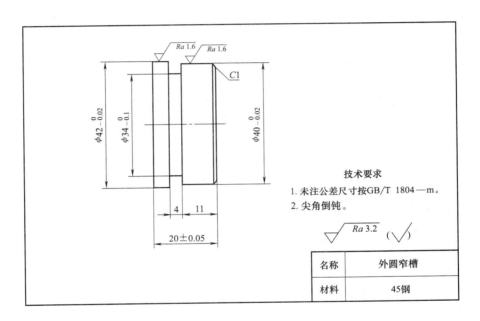

图 4-2　外圆窄槽

 **任务准备**

1. 识读零件图
本任务为车削外圆窄槽。认真识读图 4-2 所示零件图样，获取关键信息。

2. 选择刀具
本任务选择 4mm 宽切槽刀、3mm 宽切槽刀。

想一想

如何选择切槽刀具？

1. 槽的种类

根据槽的宽度不同，可将槽分为窄槽和宽槽两种类型。

（1）窄槽　槽的宽度不大，切槽刀在切削过程中不沿 Z 方向移动就可以加工的槽。

（2）宽槽　槽的宽度大于切槽刀的宽度，切槽刀在切削过程中需要沿 Z 方向移动才能切出的槽。

根据槽在零件上的位置不同，可将槽分为外沟槽、内沟槽和端面槽三种类型，如图 4-3 所示。

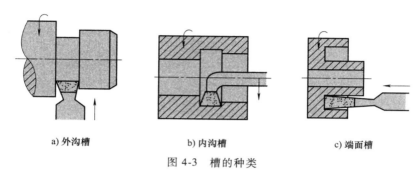

a) 外沟槽　　　　　　b) 内沟槽　　　　　　c) 端面槽

图 4-3　槽的种类

2. 槽的加工方法

（1）窄浅槽的加工方法　加工窄而浅的槽一般用直线插补指令 G01 一次进给切入、切出的切削方式即可。若精度要求较高时，可在槽底用进给暂停指令 G04 使刀具停留几秒钟，以保证槽底光滑圆整。

（2）窄深槽或切断的加工方法　加工窄而深的槽或切断一般使用径向沟槽复合切削循环指令 G75。

（3）宽槽的加工方法　加工宽槽一般也用径向沟槽复合切削循环指令 G75。

3. 刀具的选择及刀位点的确定

切槽刀一般包括高速钢切槽刀，硬质合金切槽刀（焊接式及机械夹固式），弹性切槽刀（带弹性刀盒）三种类型。

切槽刀及切断刀一般有三个刀位点，既左刀位点、右刀位点和中心刀位点。编程时可根据需要选择其中一个刀位点进行编程，一般多选择左刀位点。

4. 切断

切断要用切断刀，切断刀的形状与切槽刀相似。常用的切断方法有直进法和左右借刀法两种。直进法常用于切断铸铁等脆性材料；左右借刀法常用于切断钢等塑性材料。

5. 切槽与切断编程中的注意事项

1）为避免刀具与零件发生碰撞，切完槽后的刀具在退刀时应先沿 X 方向退至安全位置，然后再回换刀点。

2）车削矩形外沟槽的车刀的安装应使刀具的主切削刃与车床主轴轴线平行并等高。

3）在车削矩形沟槽的过程中，如果切槽刀的主切削刃宽度不等于设定的尺寸，则加工后各槽宽尺寸将随刀宽尺寸的变化而变化。

4）切槽时，切削刃宽度、主轴转速 n 和进给速度 f 都不宜过大，否则刀具所受切削力过大，影响刀具使用寿命。

6. 切削用量的选择

1）用高速钢切槽刀车削钢料时，参数设置范围：进给量 f 为 0.05~0.1mm/r；切削速度 v 为 30~40m/min。

2）用高速钢切槽刀车削铸铁时，参数设置范围：进给量 f 为 0.1~0.2mm/r；切削速度 v 为 15~25m/min。

3）用硬质合金切槽刀车削钢料时，参数设置范围：进给量 f 为 0.1~0.2mm/r；切削速度 v 为 80~120m/min。

4）用硬质合金切槽刀车削铸铁时，参数设置范围：进给量 f 为 0.15~0.25mm/r；切削速度 v 为 60~100m/min。

7. 进给暂停指令 G04

指令格式：

G04 X __ ；

G04 P __ ；

其中，X 为暂停时间，后面可用带小数点的数，单位为 s，例如 G04 X2.5 表示前段程序执行完后，要经过 2.5s 的进给暂停，才能执行下面的程序段；P 为暂停时间，后面不允许用带小数点的数，单位为 ms，例如 G04 P2000 表示暂停 2s。

1. 建立工件坐标系

工件坐标系建立在工件的右端面，工件原点为轴线与端面的交点，轴向为 Z 方向，径向为 X 方向，如图 4-4 所示。

2. 规划走刀路线

由于槽的车削精度要求不高且宽度较窄，可选用刀宽等于槽宽的切槽刀，采用一次进给切入、切出。

3. 标示并计算基点

标示基点 1、2，如图 4-5 所示。

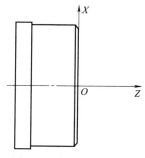

图 4-4　建立工件坐标系

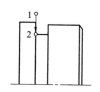

图 4-5　标示基点

通过数学计算，得到各基点坐标，见表 4-1。

表 4-1　基点坐标

基　　点	X 坐　标	Z 坐　标
1	45	−15
2	34	−15

4. 编制加工程序

加工程序可参考表 4-2。

表 4-2　参考程序

程　　序	说　　明
O0001;	程序名
T0101;	选择 1 号刀具，并执行 1 号刀具偏置
M03 S500;	主轴正转，转速为 500r/min
M08;	打开切削液
G00 X45.0 Z−15.0;	快速移动至切削起点(45,−15)处
G01 X34.0 F0.1;	加工 ϕ34mm 槽至坐标点(34,−15)处
G04 X2.0;	暂停进给 2s
G00 X45.0;	退刀至坐标点(45,−15)处
G00 X100.0 Z100.0;	快速退刀，刀具远离零件
M30;	程序结束

5. 程序调试与仿真加工

加工步骤见表 4-3。

表 4-3　加工步骤

步　　骤	图　　例	说　　明
安装工件		根据图样要求定义毛坯尺寸与材料,安装工件并选择刀具

（续）

步　骤	图　例	说　明
对刀	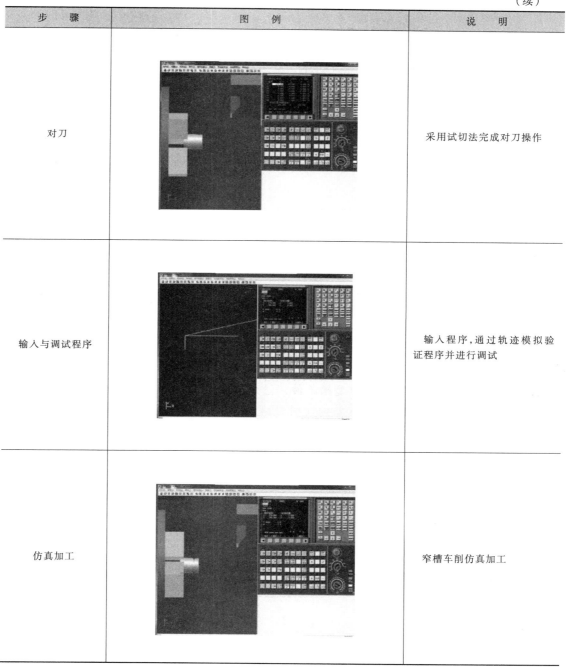	采用试切法完成对刀操作
输入与调试程序		输入程序，通过轨迹模拟验证程序并进行调试
仿真加工		窄槽车削仿真加工

试一试

在数控机床上加工图 4-6 所示窄槽零件，已知 $\phi38$mm 及 M27×2 的外圆已加工到尺寸，零件材料为 45 钢，用 4mm 宽切槽刀进行加工，编制切削 4mm×2mm 退刀槽的加工程序。

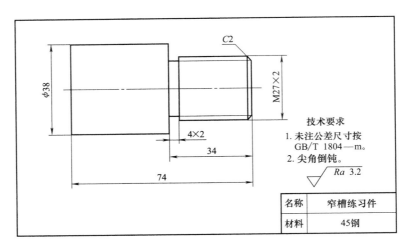

图 4-6　窄槽练习件

任务二　宽槽车削加工编程与调试

▶ **任务描述**

在数控机床上加工图 4-6 所示宽槽零件，已知 ϕ30mm 及 ϕ24mm 的外圆已加工到尺寸，零件材料为 45 钢，现要求用 4mm 宽的切槽刀切削 20mm×7mm 的宽槽。要求选择合适的走刀路线及刀具，确定工艺参数，编写零件加工程序，并在仿真软件中调试程序。

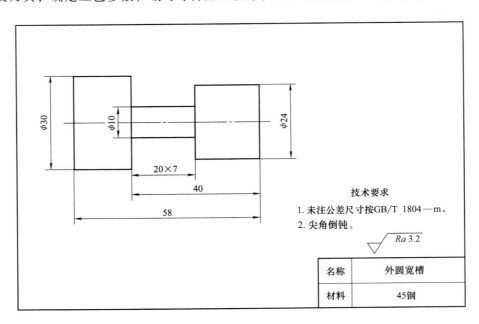

图 4-7　外圆宽槽

1. 识读零件图

本任务为车削外圆宽槽。认真识读图 4-7 所示零件图样，获取关键信息。

2. 选择刀具

本任务选择 4mm 宽切槽刀。

如何用 4mm 宽切槽刀切削 20mm 宽的槽？

径向沟槽复合切削循环指令 G75

指令格式：

G75 R(e)；

G75 X(U)__ Z(W)__ P(Δi) Q(Δk) R(Δd) F(f)；

其中，e 为退刀量，由半径指定，单位为 mm；X 为槽深，绝对值方式下，槽的终点的 X 向坐标值，单位为 mm；U 为增量值方式下，循环起点到终点的 X 方向的增量值；Z 为绝对值方式下，槽的终点的 Z 方向坐标值；W 为增量值方式下，循环起点到终点的 Z 方向的增量值；Δi 为 X 方向间断切削长度，每次循环切削量，不带小数点，无正负，半径值，单位为 μm；Δk 为 Z 方向间断切削长度，每次循环切削量，不带小数点，无正负，增量值，单位为 μm；Δd 为切削至终点的退刀量（半径值），符号为正，但如果 Z(W) 和 Q(Δk) 省略，可用正、负符号指定退刀方向。退刀方向与 Z 向进给方向相反，通常情况下，因加工槽时刀两侧无间隙，无退让距离，所以一般 Δd 取零或省略。

G75 指令可用于回转体类零件的内、外沟槽或切断的循环加工，其走刀路线如图 4-8 所示。

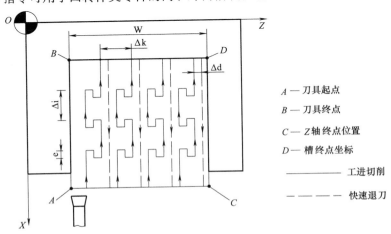

图 4-8　G75 指令走刀路线图

1. 建立工件坐标系

工件坐标系建立在工件的右端面，工件原点为轴线与端面的交点，轴向为 Z 方向，径向为 X 方向，如图 4-9 所示。

2. 规划走刀路线

槽的宽度较宽且精度要求不高，可采用 4mm 宽切槽刀复合循环层切至图样尺寸。

3. 标示并计算基点

标示基点 1、2、3、4，如图 4-10 所示。

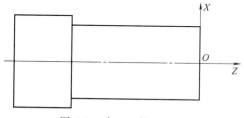

图 4-9　建立工件坐标系

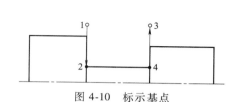

图 4-10　标示基点

通过数学计算，得到各基点坐标，见表 4-4。

表 4-4　基点坐标

基　　点	X 坐　标	Z 坐　标
1	36	−40
2	10	−40
3	36	−20
4	10	−20

需要注意的是，由于选用的是 4mm 宽的切槽刀，对刀时由刀具左刀位点接触零件，所以在切削零件右面时，Z 方向上需要加上一个切槽刀宽度，即基点坐标分别为点 1（36，−40）、点 2（10，−40）、点 3（36，−24）、点 4（10，−24）。

4. 编制加工程序

加工程序可参考表 4-5。

表 4-5　参考程序

程　　序	说　　明
O0002;	程序名
T0101;	选择 1 号刀具，并执行 1 号刀具偏置
M03 S500;	主轴正转，转速为 500r/min
M08;	打开切削液
G00 X36.0 Z−40.0;	快速移动至切削起点(36,−40)处

（续）

程　　序	说　　明
G75 R1.0;	切槽退刀量单边为1mm
G75 X10.0 Z-24.0 P3000 Q3000 R0 F0.1;	从左至右复合循环切削，X方向与Z方向间断切削长度为单边3mm
G00 X100.0 Z100.0;	刀具远离零件
M30;	程序结束

5. 程序调试与仿真加工

加工步骤见表4-6。

表 4-6　加工步骤

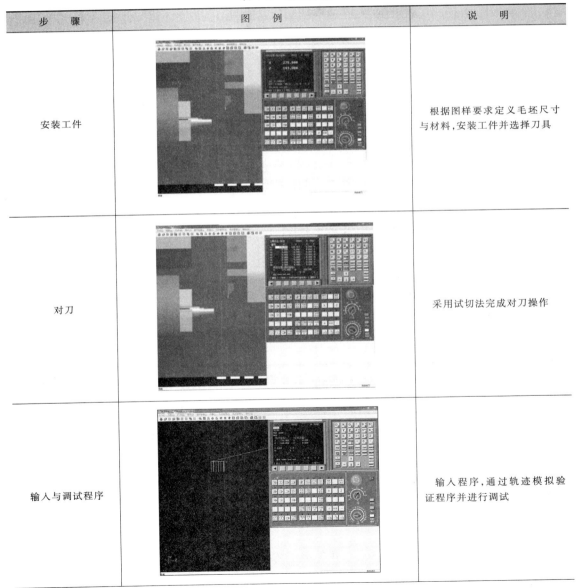

步　　骤	图　　例	说　　明
安装工件		根据图样要求定义毛坯尺寸与材料，安装工件并选择刀具
对刀		采用试切法完成对刀操作
输入与调试程序		输入程序，通过轨迹模拟验证程序并进行调试

（续）

步 骤	图 例	说 明
仿真加工	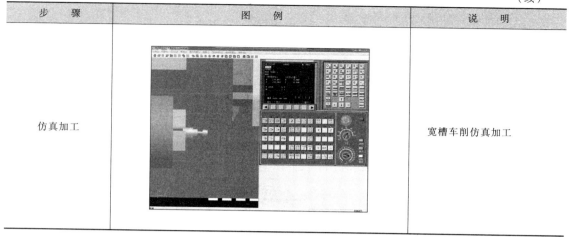	宽槽车削仿真加工

 试一试

在数控机床上加工图 4-11 所示零件。已知 $\phi50mm$ 及 $\phi40mm$ 的外圆已加工到尺寸，零件材料为 45 钢，自选刀具完成切槽加工程序的编制。

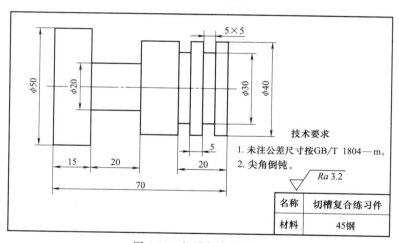

技术要求

1. 未注公差尺寸按GB/T 1804—m。
2. 尖角倒钝。

$\sqrt{Ra\,3.2}$

名称	切槽复合练习件
材料	45钢

图 4-11　切槽复合练习件

模块二　内沟槽车削加工编程与调试

 学习目标

1. 会识读内沟槽零件图
2. 会选择适合内沟槽的加工工艺并确定工艺参数
3. 能正确选择内沟槽车削刀具

4. 能编制内沟槽加工程序

5. 能对内沟槽加工程序进行调试

 学习导入

槽的车削加工是机械加工中一项最基本的技能，本模块将内沟槽车削加工作为目标任务，引导学生完成并掌握内沟槽车削加工及编程方法。

任务 轴套车削加工编程与调试

▶ 任务描述

在数控机床上加工图 4-12 所示轴套零件，已知 $\phi40\text{mm}$ 的外圆及 $\phi20\text{mm}$ 的内孔已加工到尺寸，零件材料为 45 钢，现需加工 5mm×3mm 的退刀槽，要求选择合适的走刀路线及刀具，确定工艺参数，编写零件加工程序，并在仿真软件中调试程序。

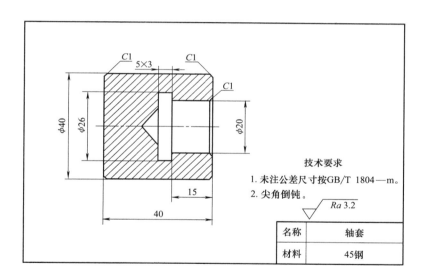

图 4-12 轴套

▶ 任务准备

1. 识读零件图

本任务为车削内孔窄槽。认真识读图 4-12 所示零件图样，获取关键信息。

2. 选择刀具

本任务选择的刀具类型见表 4-7。

表 4-7　加工刀具

刀　具	名　称
	内槽车刀

 想一想

内槽车刀与切槽刀的使用有何区别？

任务实施

1. 建立工件坐标系

工件坐标系建立在工件的右端面，工件原点为轴线与端面的交点，轴向为 Z 方向，径向为 X 方向，如图 4-13 所示。

2. 规划走刀路线

由于内沟槽车削精度要求不高且宽度较窄，可选用刀宽等于槽宽的内槽车刀，采用一次进给切入、切出。

3. 标示并计算基点

标示基点 1、2，如图 4-14 所示。

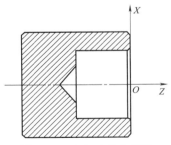

图 4-13　建立工件坐标系

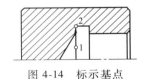

图 4-14　标示基点

通过数学计算，得到各基点坐标，见表 4-8。

表 4-8　基点坐标

基　点	X 坐标	Z 坐标
1	18	−20
2	26	−20

4. 编制加工程序

加工程序可参考表 4-9。

表 4-9　参考程序

程　　　序	说　　　明
O0001;	程序名
T0303;	选择 3 号刀具,并执行 3 号刀具偏置
M03 S500;	主轴正转,转速为 500r/min
M08;	打开切削液
G00 X18.0 Z-20.0;	快速移动至切削起点(18,-20)处
G01 X26.0 F0.1;	加工 φ26mm 内槽至坐标点(26,-20)处
G04 X2.0;	暂停进给 2s
G00 X18.0;	退刀至坐标点(18,-20)处
G00 X18.0 Z100.0;	刀具远离工件
M30;	程序结束

5. 程序调试与仿真加工

加工步骤见表 4-10。

表 4-10　加工步骤

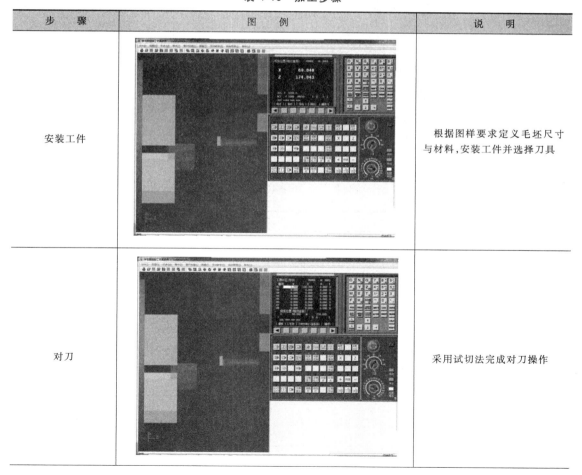

步　　骤	图　　例	说　　明
安装工件		根据图样要求定义毛坯尺寸与材料,安装工件并选择刀具
对刀		采用试切法完成对刀操作

（续）

步　骤	图　例	说　明
输入与调试程序	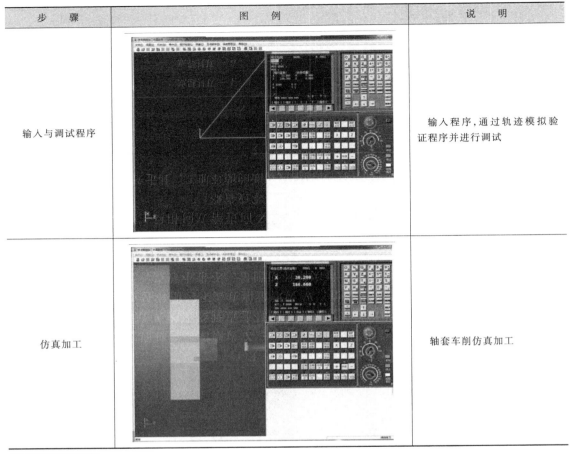	输入程序,通过轨迹模拟验证程序并进行调试
仿真加工		轴套车削仿真加工

 试一试

在数控机床上加工图 4-15 所示零件。已知 ϕ40mm 外圆及 ϕ20mm 内圆、M25×2 的螺纹

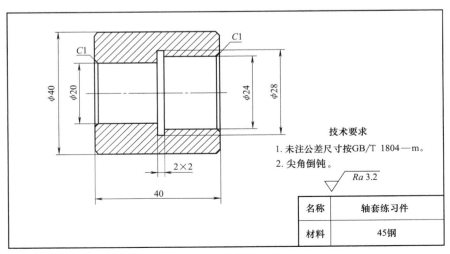

技术要求

1. 未注公差尺寸按GB/T 1804—m。
2. 尖角倒钝。

$\sqrt{}$ Ra 3.2

名称	轴套练习件
材料	45钢

图 4-15　轴套练习件

底孔 $\phi 24mm$ 已加工到尺寸，零件材料为 45 钢，用 2mm 宽切槽刀进行加工。编制切削轴套零件的退刀槽的加工程序。

模块三   带轮车削加工编程与调试

1. 会识读带轮零件图
2. 会选择适合带轮车削的加工工艺并确定工艺参数
3. 能正确选择带轮车削刀具
4. 能编制带轮车削的加工程序
5. 能对带轮车削的加工程序进行调试

学习导入

带轮是传动的主要构件，通过带轮与传动带之间的摩擦传递运动和动力。带轮有平带轮和 V 带轮之分，其中 V 带轮应用比较广泛。本模块将 V 带轮车削作为目标任务，以引导学生完成 V 带轮的车削及编程任务。

任务   V 带轮车削加工编程与调试

任务描述

在数控机床上加工图 4-16 所示 V 带轮，已知 $\phi 52mm$、$\phi 39mm$ 的外圆阶梯与 $\phi 25mm$ 内

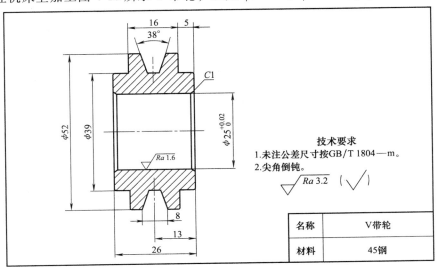

图 4-16   V 带轮

孔已加工到尺寸，零件材料为 45 钢，现需加工外圆上的 V 形槽，要求选择合适的走刀路线及刀具，确定工艺参数，编写零件加工程序，并在仿真软件中调试程序。

 **任务准备**

1. 识读零件图

本任务为车削 V 形槽。认真识读图 4-16 所示零件图样，获取关键信息。

2. 选择刀具

本任务选择的刀具类型见表 4-11。

表 4-11　加工刀具

刀　具	名　称
	3mm 宽切槽刀

 想一想

车削 V 形槽和外沟槽有哪些区别？

 **知识链接**

车削 V 形槽时，如果 V 形槽尺寸较小，可采用 V 形槽刀直进法进行加工；如果 V 形槽尺寸较大，直接用 V 形槽刀一刀来车削 V 形槽会因 V 形槽刀所受切削力过大而使 V 形槽刀被打掉，因此，通常采用分段法进行加工，以减小切削力，如图 4-17 所示。

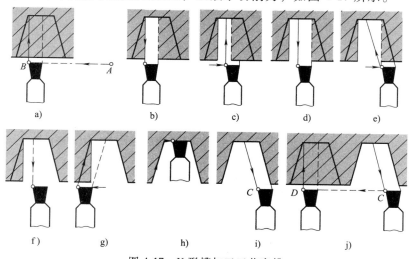

图 4-17　V 形槽加工工艺安排

1. 建立工件坐标系

工件坐标系建立在工件的右端面，工件原点为轴线与端面的交点，轴向为 Z 方向，径向为 X 方向，如图 4-18 所示。

2. 规划走刀路线

由于槽的车削精度要求不高且宽度较窄，可选用刀宽等于槽宽的切槽刀，采用直进法一次进给切入、切出。

3. 标示并计算基点

标示基点 1、2、3、4，如图 4-19 所示。

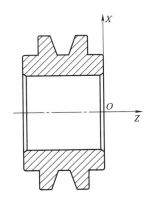

图 4-18　建立工件坐标系

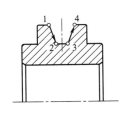

图 4-19　标示基点

通过数学计算，得到各基点坐标，见表 4-12。

表 4-12　基点坐标

基　　点	X 坐　标	Z 坐　　标
1	52	−17
2	39	−14.76
3	39	−11.24
4	52	−9

需要注意的是，由于选用的是 3mm 宽的切槽刀，对刀时由刀具左刀位点接触零件，所以在切削零件右面时，Z 方向上需要加上一个切槽刀宽度，即基点坐标分别为点 1（52，−17）、点 2（39，−14.76）、点 3（39，−14.24）、点 4（52，−9）。

4. 编制加工程序

加工程序可参考表 4-13。

表 4-13　参考程序

程　序	说　明
O0002；	程序名
T0101；	选择 1 号刀具，并执行 1 号刀具偏置
M03 S500；	主轴正转，转速为 500r/min
M08；	打开切削液
G00 X55.0 Z-14.76；	快速移动至切削起点
G75 R1.0；	切槽退刀量单边为 1mm
G75 X39.5 Z-14.24 P3000 Q1000 R0 F0.1；	粗车 V 形槽槽宽及槽底，单边留 0.5mm 余量
G00 X52.0 Z-12.0；	快速移动至切削起点
G01 X39.5 W-2.24 F0.1；	粗车 V 形槽右侧面
G00 X55.0；	快速移动退刀
G00 X52.0 Z-17.0；	快速移动至切削起点
G01 X39.5 W2.24 F0.1；	粗车 V 形槽左侧面
G00 X55.0；	快速移动退刀
G00 X52.0 Z-17.0；	快速移动至切削起点
G01 X39.0 W2.24 F0.1；	精车 V 形槽左侧面
G01 Z-14.24；	精车 V 形槽底面
G01 X52.0 W2.24；	精车 V 形槽右侧面
G00 X55.0；	快速移动退刀
G00 X55.0 Z5.0；	快速移动刀具，使其离开工件
M30；	程序结束

5. 程序调试与仿真加工

加工步骤见表 4-14。

表 4-14　加工步骤

步　骤	图　例	说　明
安装工件	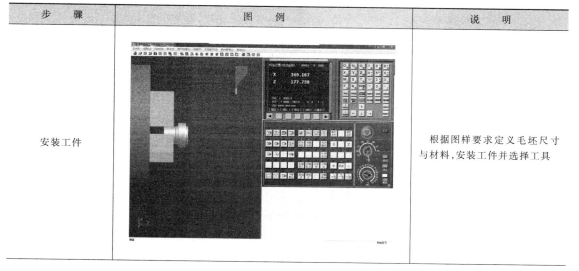	根据图样要求定义毛坯尺寸与材料，安装工件并选择工具

（续）

步　骤	图　例	说　明
对刀	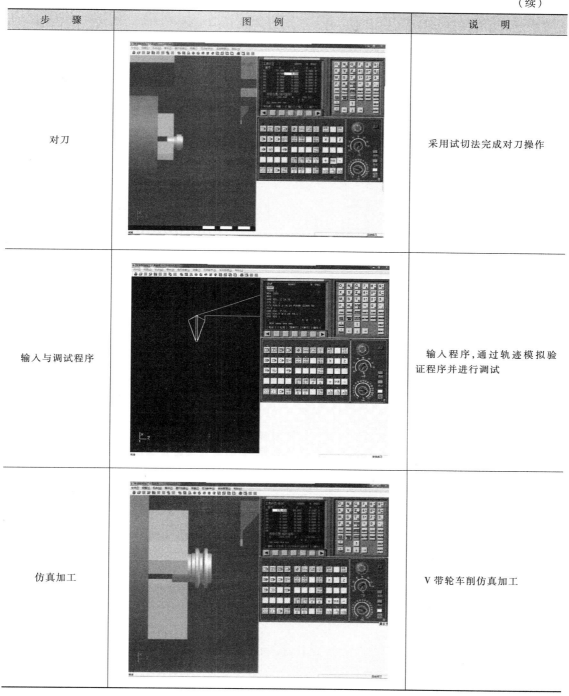	采用试切法完成对刀操作
输入与调试程序		输入程序,通过轨迹模拟验证程序并进行调试
仿真加工		V带轮车削仿真加工

试一试

　　在数控机床上加工图 4-20 所示零件。已知外圆 $\phi70\mathrm{mm}$、$\phi50\mathrm{mm}$ 及 $\phi30\mathrm{mm}$ 的内孔已加工到尺寸，零件材料为 45 钢，自选刀具完成 V 形槽加工程序的编制。

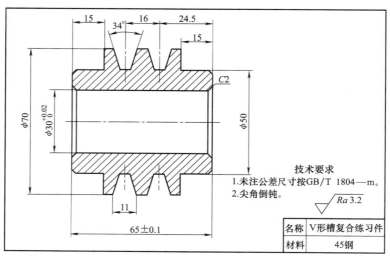

图 4-20　V 形槽复合练习件

技术要求
1.未注公差尺寸按GB/T 1804—m。
2.尖角倒钝。

$\sqrt{Ra\ 3.2}$

名称	V形槽复合练习件
材料	45钢

▶ **任务拓展**

通过本项目的学习，已经掌握了外沟槽、内沟槽及 V 带轮的加工方法，但有些特定零件上需进行 45°的切槽加工（图 4-21），如果选用特殊的切槽刀，该如何编制加工程序？

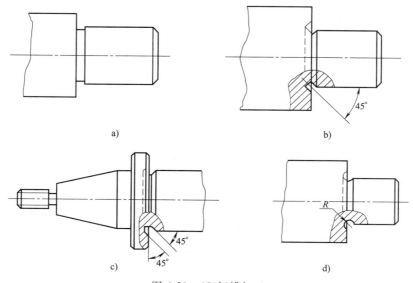

图 4-21　45°切槽加工

螺纹车削加工程序编制与调试

机器设备中的很多零件都有螺纹（图5-1），螺纹主要用于连接两个以上零件或传递运动和动力，应用广泛。螺纹是指在圆柱表面或圆锥表面上沿着螺旋线形成的、具有相同剖面的连续凸起和沟槽。一动点绕圆柱面圆周方向做匀速圆周运动的同时沿轴线方向做匀速直线运动就形成了螺旋线。刀具沿螺旋线方向对圆柱体进行切割就形成了螺纹。

图 5-1　拉钉

螺纹分为内螺纹和外螺纹两种。在圆柱或圆锥孔表面上形成的螺纹称为内螺纹；在圆柱或圆锥外表面上形成的螺纹称为外螺纹。内、外螺纹连接时，螺纹的要素必须一致。螺纹的结构要素包括牙型、直径、线数、螺距（导程）和旋向。

模块一　外螺纹车削加工程序编制与调试

学习目标

1. 能进行三角形外螺纹的尺寸计算
2. 能使用循环指令编程
3. 操作仿真软件完成外螺纹加工仿真

学习导入

螺纹加工是机械加工中常用的技能，本模块将外螺纹车削加工作为目标任务，引导学生完成并掌握外螺纹车削加工及编程方法。

任务一　接头件车削加工编程与调试

在数控机床上加工图5-2所示接头件，要求选择合适的走刀路线及刀具，确定工艺参

数，编写零件加工程序，并在仿真软件中调试程序。毛坯尺寸为 $\phi 40mm \times 50mm$，其中 $\phi 40mm$ 的外圆已加工到尺寸。

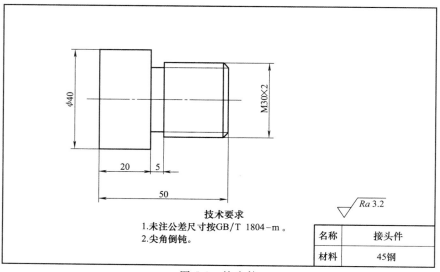

图 5-2　接头件

任务准备

1. 识读零件图

本任务为车削右端三角形外螺纹。认真识读图 5-2 所示零件图样，并将读到的信息填入表 5-1。

表 5-1　图样信息

识 读 内 容	读 到 的 信 息
零件名称	
零件材料	
零件轮廓要素	
零件图中重要尺寸	
表面质量要求	
技术要求	

2. 选择刀具

本任务选择的刀具类型见表 5-2。

表 5-2　加工刀具

刀　具	名　称	加 工 内 容
	外圆车刀	端面、螺纹外圆

（续）

刀　　具	名　　称	加工内容
	外螺纹车刀	M30×2 螺纹
	切槽刀	5mm 螺纹退刀槽

想一想

如何合理安排接头件的加工工艺？在普通车床上如何切削三角形外螺纹？

知识链接

一、普通螺纹的主要参数

普通螺纹的主要参数如图 5-3 所示。

螺纹参数的计算公式如下：

$$H = 0.866P$$
$$d_2 = d - 0.6495P$$
$$d_1 = d - 1.0825P$$

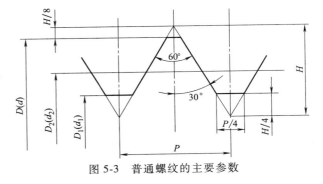

图 5-3　普通螺纹的主要参数

式中　$D(d)$——内（外）螺纹大径；

　　　$D_2(d_2)$——内（外）螺纹中径；

　　　$D_1(d_1)$——内（外）螺纹小径；

　　　P——螺距。

二、单行程螺纹切削指令 G32

1. 指令格式

G32 X（U）__ Z（W）__ F __；

其中，X（U）、Z（W）为螺纹切削的终点坐标值，X 省略时为圆柱螺纹切削，Z 省略时为端面螺纹切削，X、Z 均不省略时为锥螺纹切削；F 为螺纹导程，单位为 mm。

在 PA8000NT 系统中，螺纹车削指令（G33）与 FANUC0i 系统中的螺纹车削指令相同。

指令格式：G33 Z __ K __；

其中，K 为螺纹导程。

2. 刀具走刀路线分析

如图 5-4 所示，刀具从点 A 出发以每转一个螺纹导程的速度切削至点 B，其切削前的进刀和切削后的退刀都要通过其他的程序段来实现。

3. 车削螺纹时的轴向进给距离分析

在螺纹加工轨迹中应设置足够的空刀导入量 δ_1 和空刀退出量 δ_2，如图 5-5 所示。δ_1 和 δ_2 表示由于数控机床伺服系统的延迟（加速运动和减速运动）会造成螺纹头尾螺距减小（产生不完全螺纹），因此在编程时，头尾应让出一定距离，以消除因机床伺服滞后造成的螺距误差。

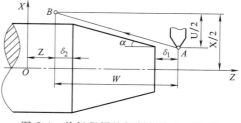

图 5-4　单行程螺纹切削指令走刀路线

一般情况下，$\delta_1 = (2\sim 3)P$，$\delta_2 = (1\sim 2)P$。

加工普通的小螺距螺纹时，不用计算空刀导入量与退出量值，一般空刀导入量 δ_1 取 $2\sim 5\text{mm}$，空刀退出量应小于螺纹退刀槽宽度，一般 $\delta_2 = 0.5\delta_1$。需要注意的是，δ_1、δ_2 的距离值一定不要使刀具与工件或顶尖发生干涉（必要时可以改变加工工艺方案或更改加工图样）。

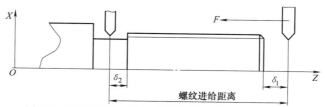

图 5-5　螺纹加工中的空刀导入量 δ_1 与空刀退出量 δ_2

4. 螺纹切削的进给次数和背吃刀量

由于螺纹车刀为成形车刀，刀具强度较差，且切削进给量较大，在切削过程中刀具所受切削力也很大，所以一般要求分数次进给加工，并按递减趋势选择相对合理的背吃刀量，见表 5-3。

表 5-3　常见米制螺纹切削的进给次数和背吃刀量　　　　（单位：mm）

螺　距	牙深（半径值）	背吃刀量（直径值）						
		1 次	2 次	3 次	4 次	5 次	6 次	7 次
1.0	0.649	0.7	0.4	0.2				
1.5	0.974	0.8	0.6	0.4	0.16			
2.0	1.299	0.9	0.6	0.6	0.4	0.1		
2.5	1.624	1.0	0.7	0.6	0.4	0.4	0.15	
3.0	1.949	1.2	0.7	0.6	0.4	0.4	0.4	0.2

5. 螺纹切削过程中的注意事项

在车削螺纹过程中，应注意以下六点：

1）车削螺纹期间进给速度倍率、主轴速度倍率均无效，始终固定在 100%。

2）车削螺纹期间不要使用恒表面切削速度控制，而要使用 G97 指令指定主轴转速。

3）车削螺纹时，必须设置螺纹空刀导入量 δ_1 和空刀退出量 δ_2，这样可避免因数控机床伺服系统滞后而影响螺距的稳定。

4）加工螺纹时，如果螺纹的牙深较深、螺距较大，应该分次进给，每次进给的背吃刀量用螺纹深度减去精加工背吃刀量所得的差按递减规律分配。

5）受机床结构及数控系统的影响，车螺纹时对主轴的转速有一定的限制。

6）对于锥螺纹，锥半角 $\alpha/2$ 小于 $45°$，螺纹导程以 Z 方向指定；锥半角 $\alpha/2$ 在 $45° \sim 90°$ 范围内，螺纹导程以 X 方向指定。

任务实施

1. 建立工件坐标系

工件坐标系建立在工件的右端面，工件原点为轴线与端面的交点，轴向为 Z 方向，径向为 X 方向，如图 5-6 所示。

2. 规划走刀路线

螺纹刀具由点 A 移至点 B（图 5-7），根据表 5-4 所示背吃刀量分配，经多次切削达到既定深度，完成外螺纹切削。

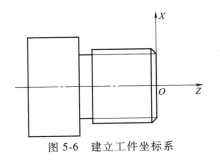

图 5-6 建立工件坐标系

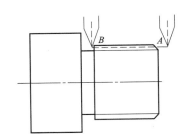

图 5-7 螺纹加工走刀路线

表 5-4 螺纹背吃刀量分配

进 给 次 数	背 吃 刀 量/mm	X 坐 标
1	0.9	29.2
2	0.6	28.6
3	0.6	28
4	0.4	27.6
5	0.1	27.4

3. 编制加工程序

加工程序可参考表 5-5。

表 5-5 参考程序（螺纹切削 G32 指令、前置刀架）

程 序	说 明
T0303;	调用 3 号外螺纹车刀，并执行 3 号刀具偏置
M03 S600;	主轴正转，转速为 600r/min
G00 X30.0 Z5.0;	刀具快速定位
X29.2;	螺纹切削第一刀 X 向位置

（续）

程　　序	说　　明
G32 Z-28.0 F2.0;	螺纹切削第一刀,螺距 2mm
G00 X32.0;	刀具沿 X 向快速退出
Z5.0;	刀具沿 Z 向快速退出
X28.6;	螺纹切削第二刀 X 向位置
G32 Z-28.0 F2.0;	螺纹切削第二刀,螺距 2mm
G00 X32.0;	刀具沿 X 向快速退出
Z5.0;	刀具沿 Z 向快速退出
X28.0;	螺纹切削第三刀 X 向位置
G32 Z-28.0 F2.0;	螺纹切削第三刀,螺距 2mm
G00 X32.0;	刀具沿 X 向快速退出
Z5.0;	刀具沿 Z 向快速退出
X27.6;	螺纹切削第四刀 X 向位置
G32 Z-28.0 F2.0;	螺纹切削第四刀,螺距 2mm
G00 X32.0;	刀具沿 X 向快速退出
Z5.0;	刀具沿 Z 向快速退出
X27.4;	螺纹切削第五刀 X 向位置
G32 Z-28.0 F2.0;	螺纹切削第五刀,螺距 2mm
G00 X35.0;	刀具沿 X 向快速退出
Z50.0 M05;	刀具沿 Z 向快速退出,主轴停转
M30;	程序结束并复位

4. 程序调试与仿真加工

加工步骤见表 5-6。

表 5-6　加工步骤

步　　骤	图　　例	说　　明
定义毛坯	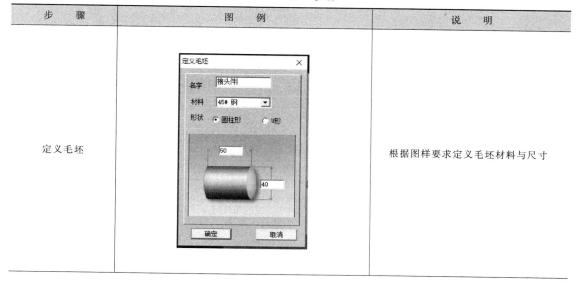	根据图样要求定义毛坯材料与尺寸

（续）

步　骤	图　例	说　明
选择与安装刀具 （前置刀架）	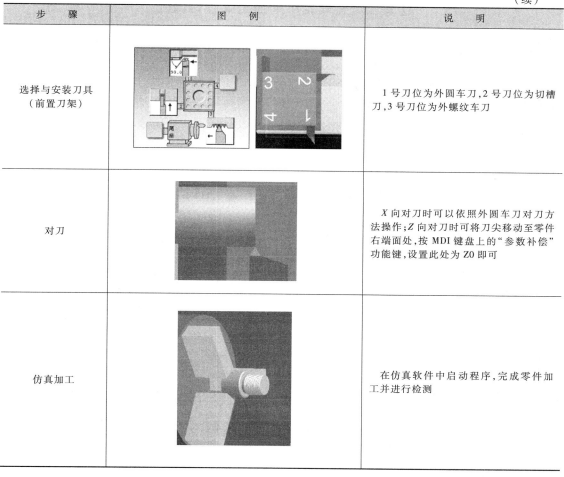	1 号刀位为外圆车刀，2 号刀位为切槽刀，3 号刀位为外螺纹车刀
对刀		X 向对刀时可以依照外圆车刀对刀方法操作；Z 向对刀时可将刀尖移动至零件右端面处，按 MDI 键盘上的"参数补偿"功能键，设置此处为 Z0 即可
仿真加工		在仿真软件中启动程序，完成零件加工并进行检测

 试一试

在数控机床上加工图 5-8 所示零件，编制其数控加工程序并完成仿真加工。

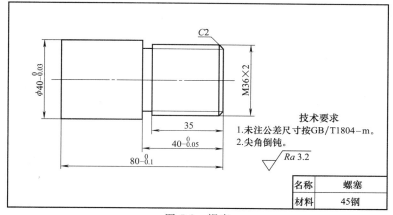

技术要求
1.未注公差尺寸按GB/T1804—m。
2.尖角倒钝。

$\sqrt{}$ Ra 3.2

名称	螺塞
材料	45钢

图 5-8　螺塞

任务二 传动轴车削加工编程与调试

 **任务描述**

在数控机床上加工图 5-9 所示传动轴，要求制订合适的机械加工工艺，选择合适的走刀路线及刀具，确定工艺参数，编写零件加工程序，并在仿真软件中调试程序。毛坯尺寸为 $\phi50mm\times100mm$。

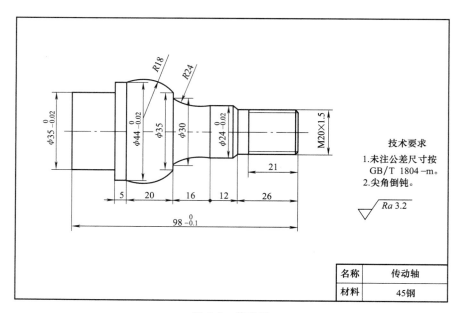

图 5-9 传动轴

 **任务准备**

1. 识读零件图

本任务为车削三角形外螺纹。认真识读图 5-9 所示零件图样，并将读到的信息填入表 5-7。

表 5-7 图样信息

识 读 内 容	读到的信息
零件名称	
零件材料	
零件轮廓要素	
零件图中重要尺寸	
表面质量要求	
技术要求	

2. 选择刀具

本任务选择的刀具类型见表 5-8。

表 5-8　加工刀具

刀　具	名　　称	加工内容
	外圆车刀	外轮廓
	外螺纹车刀	M20×1.5 螺纹

想一想

采用 G32 指令编制螺纹加工程序有什么特点？

▶ 知识链接

1. 螺纹切削单一循环指令 G92

指令格式：

G92 X(U)＿ Z(W)＿ F ＿ Q ＿；
其中，X、Z 为纵向切削终点的绝对坐标值；U、W 为纵向切削终点相对起点的增量坐标；Q 为螺纹切削开始角度的位差角，单位为 0.001°范围为 0°~360°；F 为 螺纹导程，单位为 mm。

2. 螺纹切削单一循环指令 G92 的走刀路线分析

如图 5-10 所示，执行 G92 指令进行切削循环时有四个动作（以 ZX 平面为例），即：

1）第一个动作，在快速移动方式下将刀具从起点移动到 X 方向的指令坐标值。

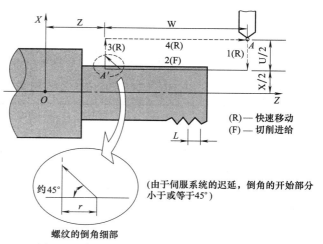

(R)—快速移动
(F)—切削进给

（由于伺服系统的迟延，倒角的开始部分小于或等于45°）

约45°　r

螺纹的倒角细部

图 5-10　螺纹切削单一循环指令 G92 走刀路线

2）第二个动作，在切削进给方式下将刀具移动到 Z 方向的指令坐标值，此时进行螺纹的倒角。

3）第三个动作，在快速移动方式下将刀具移动到 X 方向的开始坐标值（倒角后的退刀动作）。

4）第四个动作，在快速移动方式下将刀具移动到 Z 方向的开始坐标值（返回到起点）。

分析走刀路线时需要注意以下三点：

1）螺纹切削中（正在执行此动作中）由进给保持引起的停止，在第三个动作结束后停止。

2）在单程序段方式中，通过按下一次"循环启动"按钮来执行上述第一至第四个动作。

3）要取消单一固定循环方式，指定 G90、G92、G94 以外的 01 组的代码。

 **任务实施**

1. 加工工艺分析

该零件左右端均需加工，加工工艺安排须考虑调头后的装夹。因零件右端的 φ24mm 外圆处的径向和轴向尺寸较小，不宜作为装夹面，其余螺纹及圆弧面也不宜作为装夹面，故选择零件左端 φ35mm 外圆作为调头后的装夹面先行加工。参考加工工艺见表 5-9。

表 5-9　参考加工工艺

设备名称	数控车床	系统型号	FANUC 0i		夹具名称	自定心卡盘	毛坯尺寸	φ50mm×100mm
工步号	工步内容				刀具号	主轴转速 n /(r/min)	进给量 f /(mm/r)	背吃刀量 a_p /mm	备注
1	自定心卡盘夹持毛坯外圆，伸出约 85mm								
1.1	粗车左端 φ35mm 外圆，留 1mm 余量				1	800	0.2	1	
1.2	精车左端 φ35mm 外圆至尺寸				1	1000	0.1	0.5	
2	自定心卡盘夹持左端 φ35mm 外圆								
2.1	粗车右端 M20×1.5 外圆、φ24φmm、R24mm、R18mm、φ44mm 外圆，留 1mm 余量				1	800	0.2	1	
2.2	精车右端 M20×1.5 外圆、φ22mm、R24mm、R18mm、φ44mm 外圆至尺寸				1	100	0.1	0.5	
2.3	粗、精车 M20×1.5 至尺寸				2	600	1.5		

2. 加工零件左端

（1）建立工件坐标系　用自定心卡盘装夹毛坯外圆，工件坐标系建立在毛坯的左端面，工件原点为轴线与端面的交点，轴向为 Z 方向，径向为 X 方向，如图 5-11 所示。

（2）编制加工程序　加工程序可参考表 5-10。

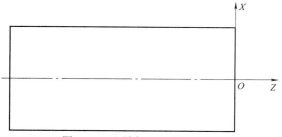

图 5-11　左端加工工件坐标系

表 5-10　参考程序

程　序	说　明
O0001;	程序名
T0101;	调用 1 号外圆车刀，并执行 1 号刀具偏置
M03 S800;	主轴正转，转速为 800r/min
G00 X55.0 Z5.0;	刀具快速定位
G71 U2.0 R0.5;	调用 G71 循环指令，设置背吃刀量及退刀量
G71 P10 Q20 U1.0 W0 F0.2;	指定轮廓程序段号，设置精加工余量及进给量

（续）

程　　序	说　　明
N10 G01 X35.0；	轮廓程序开始
Z-19.0；	外圆车削
N20 X52.0；	车削台阶端面并退出
G00 X60.0 Z50.0；	快速退刀
M05；	主轴停转
M00；	程序暂停
T0101；	调用1号外圆车刀,并执行1号刀具偏置
M03 S1000；	主轴正转,转速为1000r/min
G42 G00 X55.0 Z5.0；	刀具快速定位并建立刀尖圆弧半径补偿
G70 P10 Q20；	调用精加工循环
G40 X00 X60.0 Z50.0；	快速退刀并撤销刀尖圆弧半径补偿
M05；	主轴停转
M30；	程序结束并复位

（3）程序调试与仿真加工　加工步骤见表5-11。

表 5-11　加工步骤

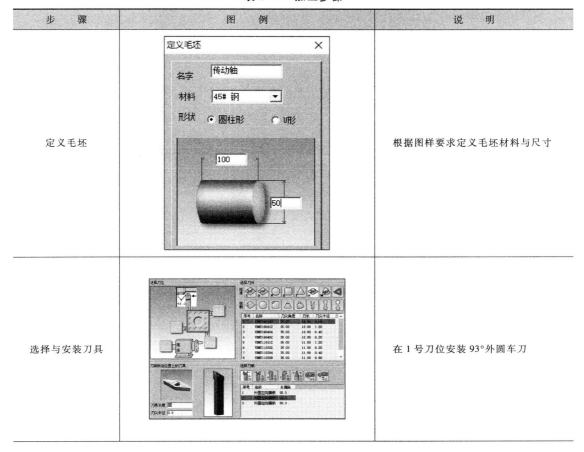

步　　骤	图　　例	说　　明
定义毛坯		根据图样要求定义毛坯材料与尺寸
选择与安装刀具		在1号刀位安装93°外圆车刀

（续）

步　骤	图　例	说　明
对刀	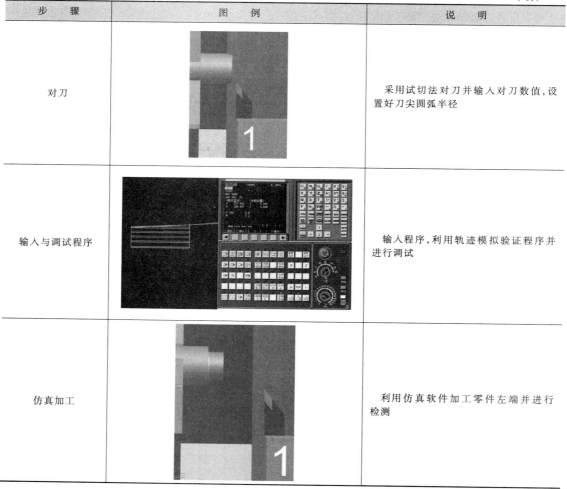	采用试切法对刀并输入对刀数值,设置好刀尖圆弧半径
输入与调试程序		输入程序,利用轨迹模拟验证程序并进行调试
仿真加工		利用仿真软件加工零件左端并进行检测

3. 加工零件右端

（1）建立工件坐标系　工件坐标系建立在毛坯的右端面,工件原点为轴线与端面的交点,轴向为 Z 方向,径向为 X 方向,如图 5-12 所示。

（2）M20×1.5 螺纹背吃刀量分配（表 5-12）

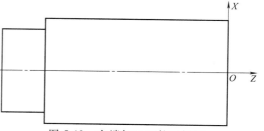

图 5-12　右端加工工件坐标系

表 5-12　螺纹背吃刀量分配

进给次数	背吃刀量/mm	X 坐标
1	0.8	19.2
2	0.6	18.6
3	0.4	18.2
4	0.16	18.04

（3）编制加工程序　加工程序可参考表 5-13。

表 5-13　参考程序

程　　序	说　　明
O0002；	程序名
T0101；	调用 1 号外圆车刀,并执行 1 号刀具偏置
M03 S800；	主轴正转,转速为 800r/min
G00 X55.0 Z5.0；	刀具快速定位
G71 U2.0 R0.5；	调用 G71 循环指令,设置背吃刀量及退刀量
G71 P10 Q20 U1.0 W0 F0.2；	指定轮廓程序段号,设置精加工余量及进给量
N10 G01 X17.0；	轮廓程序开始
X19.85 Z-1.5；	螺纹倒角
Z-26.0；	车削螺纹外圆
X24.0 Z-28.0；	倒角
Z-38.0；	车削外圆
G02 X30.0 Z-54.0 R24.0；	车削圆弧
G01 X35.0；	车削端面
G03 X44.0 Z-74.0 R18.0；	车削圆弧
G01 Z-81.0；	车削外圆
N20 X52.0；	轮廓程序结束
G00 X60.0 Z50.0；	快速退刀并撤销刀尖圆弧半径补偿
M05；	主轴停转
M00；	程序暂停
T0101	调用 1 号外圆车刀,并执行 1 号刀具偏置
M03 S1000；	主轴正转,转速为 1000r/min
G42 G00 X55.0 Z5.0；	刀具快速定位并建立刀尖圆弧半径补偿
G70 P10 Q20；	调用精加工循环指令
G40 X00 X60.0 Z50.0；	快速退刀并撤销刀尖圆弧半径补偿
M05；	主轴停转
M00；	程序暂停
T0202；	调用 2 号外螺纹车刀,并执行 2 号刀具偏置
M03 S600；	主轴正转,转速为 600r/min
G00 X22.0 Z4.0；	刀具快速定位
G92 X19.2 Z-21.0 F1.5；	螺纹切削第一刀
X18.6；	螺纹切削第二刀
X18.2；	螺纹切削第三刀
X18.04；	螺纹切削第四刀
G00 X60.0 Z50.0；	快速退刀
M05；	主轴停转
M30；	程序结束并复位

（4）程序调试与仿真加工　加工步骤见表5-14。

表 5-14　加工步骤

步　骤	图　例	说　明
调头装夹		将加工完左端的零件调头安装
选择与安装刀具		1号刀位为外圆车刀；2号刀位为外螺纹车刀
对刀		X向对刀时可以依照外圆车刀对刀方法操作；Z向对刀时可将刀尖移动至零件右端面处，按 MDI 键盘上的"参数补偿"功能键，设置此处为 Z0 即可
输入与调试程序		输入程序，通过轨迹模拟验证程序并进行调试
仿真加工		在仿真软件中启动程序，完成零件加工并进行检测

在数控机床上加工图 5-13 所示异形轴零件，编制其数控加工程序并完成仿真加工。

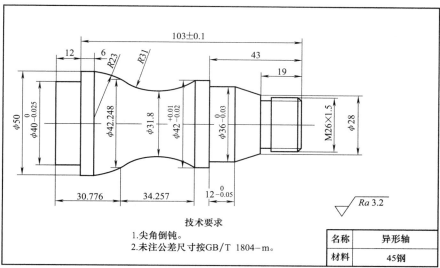

技术要求
1.尖角倒钝。
2.未注公差尺寸按GB/T 1804−m。

名称	异形轴
材料	45钢

图 5-13　异形轴三

任务三　短丝杠车削加工编程与调试

　　在数控机床上加工图 5-13 所示短丝杠，要求制订合适的机械加工工艺，选择合适的走刀路线及刀具，编写零件数控加工程序，并在仿真软件中调试程序，毛坯尺寸为 $\phi 25 \mathrm{mm} \times 100 \mathrm{mm}$。

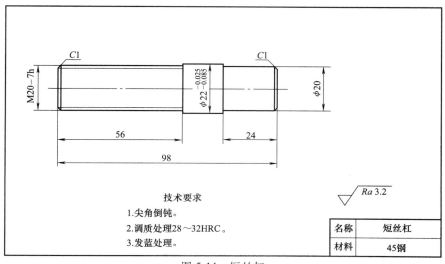

技术要求
1.尖角倒钝。
2.调质处理28～32HRC。
3.发蓝处理。

名称	短丝杠
材料	45钢

图 5-14　短丝杠

1. 识读零件图

本任务为车削三角形外螺纹。认真识读图 5-14 所示零件图样，并将读到的信息填入表 5-15。

表 5-15　图样信息

识读内容	读到的信息
零件名称	
零件材料	
零件轮廓要素	
零件图中重要尺寸	
表面质量要求	
技术要求	

2. 选择刀具

本任务选择的刀具类型见表 5-16。

表 5-16　加工刀具

刀　具	名　　称	加工内容
	外圆车刀	外轮廓
	外螺纹车刀	M20-7h 螺纹

在执行轮廓加工复合循环指令中，通过预留精加工余量的方式区分了粗加工和精加工，并用 G70 指令实现了精加工。在螺纹切削中能否预留精加工余量，使用一个指令完成粗、精加工呢？

▶ **知识链接**

1. 螺纹切削复合循环指令 G76

指令格式：

G76 P(m)(r)(α)Q(Δd_{min})R(d)；

G76 X（U）＿ Z（W）＿ R（i） P（k） Q（Δd） F（L）；

其中，m 为精加工重复次数，为 01～99，该参数为模态值；r 为螺纹的倒角（倒棱）量，用 00～99 的两位整数表示，该参数为模态值，假设导程为 L，在 $0.0L\sim9.9L$ 的范围内，以 0.1 为增量加以指定；α 为刀尖的角度，可以从 80°、60°、55°、30°、29°、0° 中选择，以两位数指定角度值；Δd_{min} 为最小背吃刀量，当每次指定的背吃刀量比 Δd_{min} 小时，执行 Δd_{min}，用半径指定，该参数为模态值，单位取决于参考轴的设定单位；d 为精切余量，用半径指定，该参数为模态值；X、Z 为纵向切削终点的坐标值；U、W 为纵向切削终点相对起点的增量坐标；i 为锥度量，用半径指定，假设 i＝0，则可进行直线螺纹切削；k 为螺纹高度；Δd 为第一次切削的背吃刀量；L 为螺纹的导程。

2. 螺纹切削复合循环指令 G76 的走刀路线分析

如图 5-15 所示，执行螺纹切削复合循环指令时，只有在点 C 至点 D 间的距离（导程）是刀具在进行 F 代码所指定长度的螺纹切削。在其他部位，刀具以快速移动方式移动。

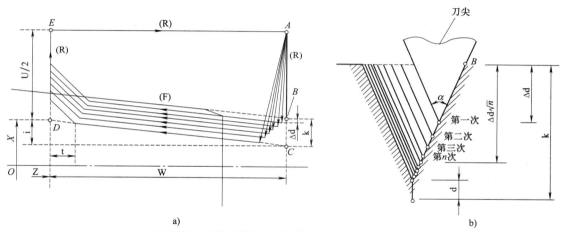

a)　　　　　　　　　　　　　b)

图 5-15　螺纹切削复合循环指令 G76 的走刀路线

需要注意的是，在螺纹切削复合循环指令 G76 的螺纹切削中应用进给保持时，进行螺纹切削的倒角（倒棱），刀具返回到螺纹切削循环的起点后停止（图 5-16）。再次触发循环开始时，刀具从应用进给保持的螺纹切削循环重新开始循环。

任务实施

1. 加工工艺分析

零件为短轴，外径较小，可用棒料加工。若零件生产批量较小，可以采用数控车削加工；若是批量生产，则可以采用套丝机加工螺纹。本例采用数控车削，**螺纹**

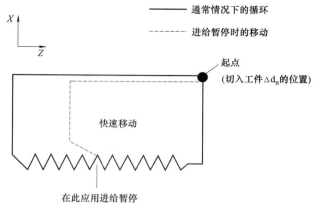

图 5-16　螺纹切削复合循环指令的进给保持

外圆控制在 $\phi19.8\sim\phi19.85$mm。

该零件左、右端均需加工,加工工艺安排须考虑调头后的装夹。因零件左端为螺纹,不宜作为装夹面,故选择零件右端 $\phi20$mm 外圆作为调头后的装夹面先行加工。参考加工工艺见表 5-17。

表 5-17 参考加工工艺(机械加工部分)

设备名称	数控车床	系统型号	FANUC 0i	夹具名称	自定心卡盘	毛坯尺寸	$\phi25$mm× 100mm
工步号	工步内容			刀具号	主轴转速 n /(r/min)	进给量 f /(mm/r)	背吃刀量 a_p /mm	备注
1	自定心卡盘夹持毛坯外圆,伸出约50mm							
1.1	粗车右端 $\phi20$mm、$\phi22_{-0.085}^{-0.025}$ mm 外圆,留 1mm 余量			1	1000	0.2	1	
1.2	精车右端 $\phi20$mm、$\phi22_{-0.085}^{-0.025}$ mm 外圆至尺寸			1	1200	0.1	0.5	
2	自定心卡盘夹持右端 $\phi20$mm 外圆							
2.1	粗车左端 C1、M20-7h 外圆,留 1mm 余量			1	1000	0.2	1	
2.2	精车左端 C1、M20-7h 外圆至 $\phi19.85$mm			1	1200	0.1	0.5	
2.3	粗、精车 M20-7h 至尺寸			2	600	2.5		

2. 加工零件右端

(1) 建立工件坐标系 工件坐标系建立在毛坯的右端面,工件原点为轴线与端面的交点,轴向为 Z 方向,径向为 X 方向,如图 2-17 所示。

(2) 编制加工程序 加工程序可参考表 5-18。

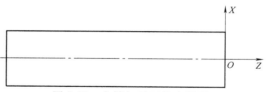

图 5-17　右端加工工件坐标系

表 5-18 参考程序

程　　序	说　　明
O0001;	程序名
T0101;	调用 1 号外圆车刀,并执行 1 号刀具偏置
M03 S1000;	主轴正转,转速为 1000r/min
G00 X30.0 Z5.0;	刀具快速定位
G71 U2.0 R0.5;	调用 G71 循环指令,设置背吃刀量及退刀量
G71 P10 Q20 U1.0 W0 F0.2;	指定轮廓程序段号,设置精加工余量及进给量
N10 G01 X18.0;	轮廓程序开始
Z0.0;	靠近端面
X20.0 Z-1.0;	C1 倒角
Z-24.0;	车削外圆
X22.0;	车削端面
Z-45.0;	车削外圆
N20 X30.0;	轮廓程序结束

（续）

程　　序	说　　明
G00 X60.0 Z50.0；	快速退刀
M05；	主轴停转
M00；	程序暂停
T0101；	调用 1 号外圆车刀,并执行 1 号刀具偏置
M03 S1200；	主轴正转,转速为 1200r/min
G42 G00 X30.0 Z5.0；	刀具快速定位并建立刀尖圆弧半径补偿
G70 P10 Q20；	调用精加工循环指令
G40 X00 X60.0 Z50.0；	快速退刀并撤销刀尖圆弧半径补偿
M05；	主轴停转
M30；	程序结束并复位

（3）程序调试与仿真加工　加工步骤见表 5-19。

表 5-19　操作步骤

步　　骤	图　　例	说　　明
定义毛坯	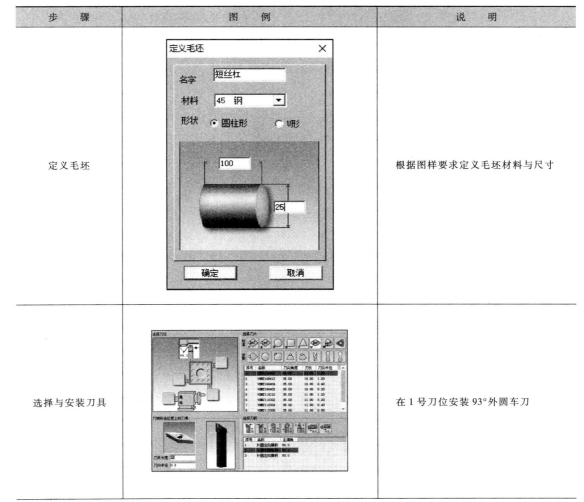	根据图样要求定义毛坯材料与尺寸
选择与安装刀具		在 1 号刀位安装 93°外圆车刀

（续）

步　骤	图　例	说　明
对刀	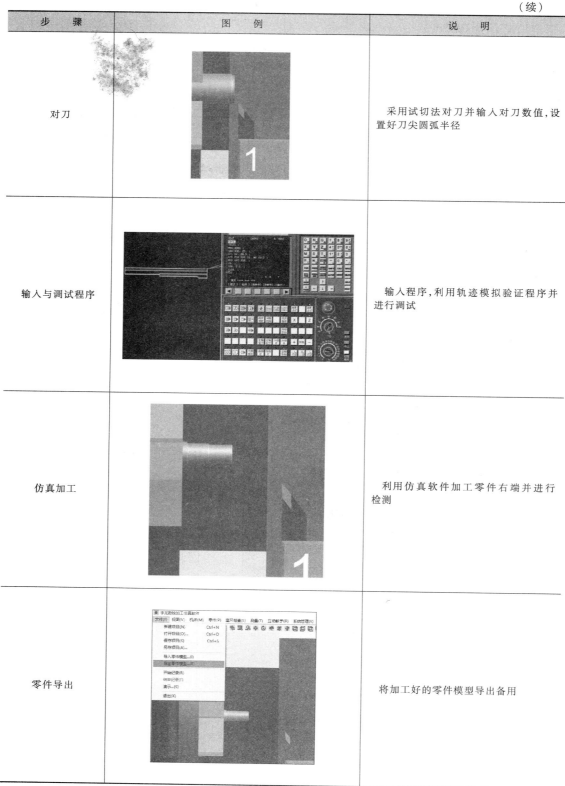	采用试切法对刀并输入对刀数值，设置好刀尖圆弧半径
输入与调试程序		输入程序，利用轨迹模拟验证程序并进行调试
仿真加工		利用仿真软件加工零件右端并进行检测
零件导出		将加工好的零件模型导出备用

3. 加工零件左端

（1）建立工件坐标系 用自定心卡盘夹持工件右端已加工的 $\phi 20$mm 外圆，坐标系建立在工件的右端面，工件原点为轴线与端面的交点，轴向为 Z 方向，径向为 X 方向，如图 5-18 所示。

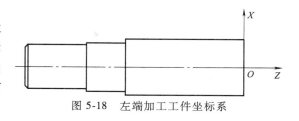

图 5-18 左端加工工件坐标系

（2）编制加工程序 加工程序可参考表 5-20。

表 5-20 参考程序

程　序	说　明
O0002；	程序名
T0101；	调用 1 号外圆车刀，并执行 1 号刀具偏置
M03 S1000；	主轴正转，转速为 1000r/min
G00 X30.0 Z5.0；	刀具快速定位
G71 U2.0 R0.5；	调用 G71 循环指令，设置背吃刀量及退刀量
G71 P10 Q20 U1.0 W0 F0.2；	指定轮廓程序段号，设置精加工余量及进给量
N10 G01 X18.0；	轮廓程序开始
Z0.0；	靠近端面
X19.75 Z-1.0；	C1 倒角
Z-56.0；	车削螺纹外圆
N20 X30.0；	车削端面，轮廓程序结束
G00 X60.0 Z50.0；	快速退刀
M05；	主轴停转
M00；	程序暂停
T0101；	调用 1 号外圆车刀，并执行 1 号刀具偏置
M03 S1000；	调用精加工循环指令
G42 G00 X30.0 Z5.0；	刀具快速定位并建立刀尖圆弧半径补偿
G70 P10 Q20；	调用精加工循环指令
G40 X00 X60.0 Z50.0；	刀具快速定位并撤销刀尖圆弧半径补偿
M05；	主轴停转
M00；	程序暂停
T0202；	调用 2 号外螺纹车刀，并执行 2 号刀具偏置
M03 S600；	主轴正转，转速为 600r/min
G00 X22.0 Z5.0；	快速定位
G76 P012560 Q100 R0.1；	调用螺纹切削循环指令，设置加工参数

（续）

程　　序	说　　明
G76 X16.75 Z-41.0 R0 P1625 Q500 F2.5;	车削螺纹
G00 X60.0 Z50.0;	快速退刀
M05;	主轴停转
M30;	程序结束并复位

（3）程序调试与仿真加工　加工步骤见表5-21。

表 5-21　加工步骤

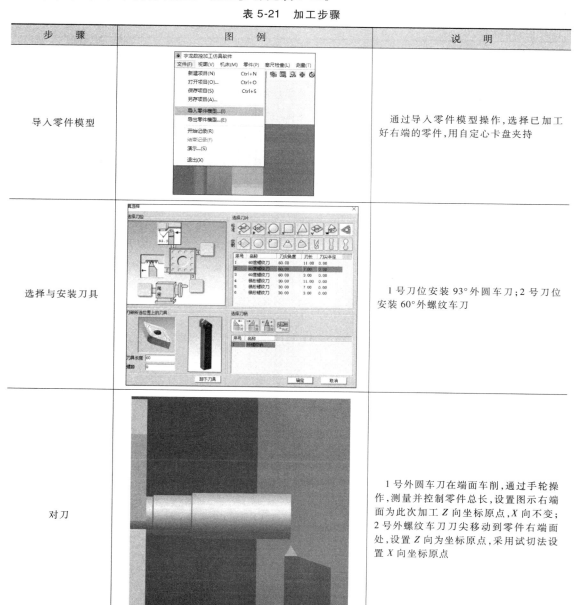

步　　骤	图　　例	说　　明
导入零件模型		通过导入零件模型操作,选择已加工好右端的零件,用自定心卡盘夹持
选择与安装刀具		1 号刀位安装 93°外圆车刀;2 号刀位安装 60°外螺纹车刀
对刀		1 号外圆车刀在端面车削,通过手轮操作,测量并控制零件总长,设置图示右端面为此次加工 Z 向坐标原点,X 向不变;2 号外螺纹车刀刀尖移动到零件右端面处,设置 Z 向为坐标原点,采用试切法设置 X 向坐标原点

（续）

步　　骤	图　　例	说　　明
输入与调试程序	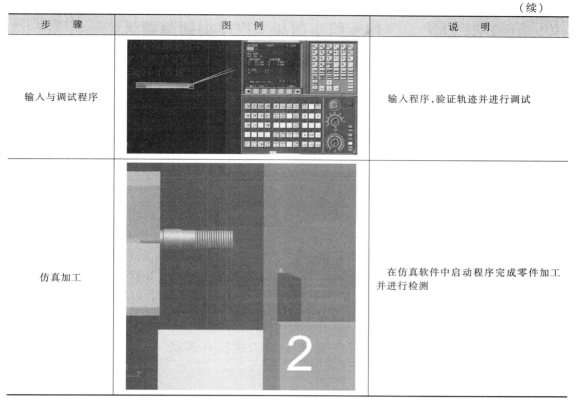	输入程序，验证轨迹并进行调试
仿真加工		在仿真软件中启动程序完成零件加工并进行检测

 试一试

在数控机床上加工图 5-19 所示连杆螺钉，编制其数控加工程序并完成仿真加工。

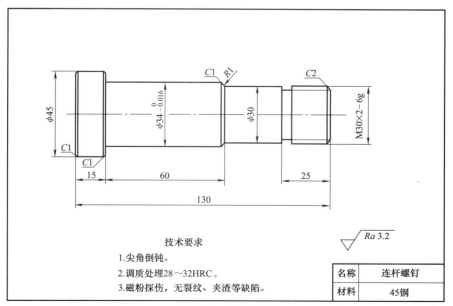

技术要求

1. 尖角倒钝。
2. 调质处理28～32HRC。
3. 磁粉探伤，无裂纹、夹渣等缺陷。

名称	连杆螺钉
材料	45钢

图 5-19　连杆螺钉

模块二　内螺纹车削加工程序编制与调试

 **学习目标**

1. 能进行内螺纹尺寸计算
2. 能使用循环指令编程
3. 会操作仿真软件完成内螺纹加工

学习导入

　　螺纹连接是一种广泛使用的可拆卸的固定连接，具有结构简单、连接可靠、装拆方便等优点。内螺纹的功能就是和外螺纹配合，按照螺纹形式的不同，起连接作用（普通螺纹）、密封作用（管螺纹）和传动作用（梯形螺纹）。本模块将内螺纹车削加工作为目标任务，引导学生完成并掌握内螺纹车削加工及编程方法。

任务　短轴套车削加工编程与调试

▶ 任务描述

　　在数控机床上加工图 5-20 所示短轴套，要求选择合适的走刀路线及刀具，确定工艺参数，编写零件加工程序，并在仿真软件中调试程序。毛坯尺寸为 $\phi62\text{mm} \times 30\text{mm}$（孔 $\phi25\text{mm}$），其中 $\phi62\text{mm}$ 外圆已加工至尺寸。

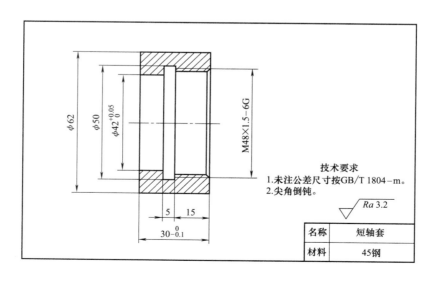

图 5-20　短轴套

 **任务准备**

1. 识读零件图

本任务为车削短轴套，认真识读图 5-20 所示零件图样，并将读到的信息填入表 5-22。

表 5-22　图样信息

识 读 内 容	读 到 的 信 息
零件名称	
零件材料	
零件轮廓要素	
零件图中重要尺寸	
表面质量要求	
技术要求	

2. 选择刀具

本任务选择的刀具类型见表 5-23。

表 5-23　加工刀具

刀　　具	名　　称	加 工 内 容
	内孔镗刀	内孔及内螺纹底孔
	内槽车刀	螺纹退刀槽
	内螺纹车刀	M48×1.5-6G 螺纹

 知识链接

1. 内螺纹参数

在车削内螺纹时，因车刀切削时的挤压作用，使内螺纹小径变小，所以在车削内螺纹前，其底孔直径 $D_孔$ 应比螺纹小径的基本尺寸略大些。车削内螺纹的参数计算公式为

车削塑性金属内螺纹时：$D_孔 \approx D - P$

车削脆性金属内螺纹时：$D_孔 \approx D - 1.05P$

式中　$D_孔$——内螺纹底孔直径；

　　　D——内螺纹大径；

　　　P——螺距。

2. 内螺纹加工方式

内螺纹加工方式与外螺纹类似，不同之处在于两者在切削时在径向（X 轴）的切削方

向相反，外螺纹是由大到小，内螺纹则是由小到大。退刀时因在内孔中，应避免刀背与内孔发生干涉，否则会发生事故。

在数控车床中，螺纹切削指令有三个：G32 直进式切削方法、G92 直进式切削方法和 G76 斜进式切削方法。

（1）G32 直进式切削方法　切削时由于两侧切削刃同时工作，切削力较大，而且排屑困难，因此在切削时，两切削刃容易磨损。在切削螺距较大的螺纹时，由于背吃刀量较大，刀刃磨损较快，从而造成螺纹中径产生误差；但是其加工的牙型精度较高，因此一般多用于小螺距螺纹加工。从编程角度来看，由于其刀具移动路径均需通过编程来制订，所以加工程序较长，编程效率较低。

（2）G92 直进式切削方法　切削过程与 G32 类似，简化了编程，较 G32 指令提高了效率。

（3）G76 斜进式切削方法　由于为单侧刃切削，加工时切削刃容易损伤和磨损，使加工的螺纹面不直，刀尖角发生变化，加工的牙型精度较差。但由于其为单侧刃工作，刀具负载较小，排屑容易，并且背吃刀量为递减式，因此此加工方法一般适用于大螺距螺纹的加工。由于此加工方法排屑容易，切削刃加工工况较好，在螺纹精度要求不高的情况下，此加工方法更为方便。

在加工精度要求较高的螺纹时，可采用两刀加工完成，即先用 G76 切削方法进行粗车，然后用 G32 切削方法精车。但要保证刀具起始点的准确性，不然容易发生乱牙，造成零件报废。

任务实施

1. 加工工艺分析

零件为短轴套，外径较大，长度较小，左端为通孔，右端为内螺纹。先加工零件右端，再加工零件左端，即先加工螺纹底孔及通孔，再车削螺纹退刀槽，最后加工内螺纹。

2. 建立工件坐标系

工件坐标系建立在工件的右端面，工件原点为轴线与端面的交点，轴向为 Z 方向，径向为 X 方向，如图 5-21 所示。

3. 规划走刀路线

螺纹车刀由点 A 移至点 B（图 5-22），根据表 5-24 所示背吃刀量分配，经多次切削达到既定深度，完成内螺纹切削。

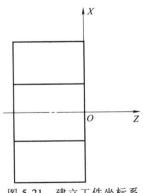

图 5-21　建立工件坐标系

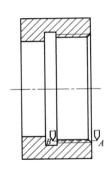

图 5-22　走刀路线

表 5-24 螺纹背吃刀量分配

进给次数	背吃刀量/mm	X 坐标
1	0.8	46.85
2	0.6	47.45
3	0.4	47.85
4	0.16	48.01

4. 编制加工程序

加工程序可参考表 5-25。

表 5-25 参考程序

程 序	说 明
O0001;	程序名
T0101;	调用 1 号内孔镗刀，并执行 1 号刀具偏置
M03 S800;	主轴正转，转速为 800r/min
G00 X23.0 Z5.0;	刀具快速定位
G71 U2.0 R0.5;	调用 G71 循环指令，设置背吃刀量及退刀量
G71 P10 Q20 U-1.0 W0 F0.2;	指定轮廓程序段号，设置精加工余量及进给量
N10 G01 X48.0;	轮廓程序开始
Z0.0;	靠近端面
X46.05 Z-1.0;	$C1$ 倒角
Z-20.0;	内螺纹底孔车削
X42.0;	车削端面
Z-35.0;	车削内孔
N20 X28.0;	车削端面
G00 X80.0 Z50.0;	快速退刀
M05;	主轴停转
M00;	程序暂停
T0101;	调用 1 号内孔镗刀，并执行 1 号刀具偏置
M03 S1000;	调用精加工循环指令
G42 G00 X25.0 Z5.0;	刀具快速定位并建立刀尖圆弧半径补偿
G70 P10 Q20;	调用精加工循环指令
G40 X00 X80.0 Z50.0;	刀具快速定位并撤销刀尖圆弧半径补偿
M05;	主轴停转
M00;	程序暂停
T0202;	调用 2 号内槽车刀，并执行 2 号刀具偏置
M03 S800;	主轴正转，转速为 800r/min

（续）

程　　序	说　　明
G00 X28.0 Z5.0;	快速定位
Z-20.0;	到达切削位置
G01 X52.0;	车螺纹退刀槽
X45.0;	退刀
G00 Z50.0;	快速离开工件
X80.0;	到达换刀位置
M05;	主轴停转
M00;	程序暂停
T0303;	调用 3 号内螺纹车刀,并执行 3 号刀具偏置
M03 S600;	主轴正转,转速为 600r/min
G00 X42.0 Z5.0;	快速定位
G92 X46.85 Z-18.0 F1.5;	螺纹切削第一刀
X47.45;	螺纹切削第二刀
X47.85;	螺纹切削第三刀
X48.01;	螺纹切削第四刀
G00 X80.0 Z50.0;	快速退刀
M05;	主轴停转
M30;	程序结束并复位

5. 程序调试与仿真加工

加工步骤见表 5-26。

表 5-26　加工步骤

步　　骤	图　　例	说　　明
定义毛坯	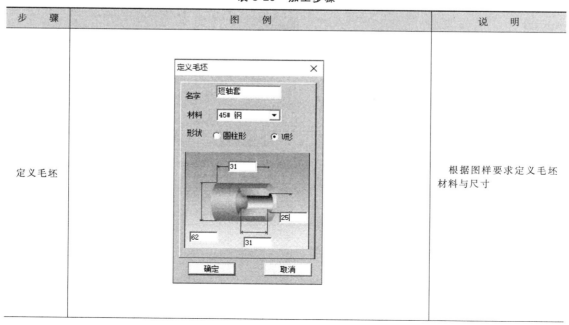	根据图样要求定义毛坯材料与尺寸

（续）

步 骤	图 例	说 明
选择与安装刀具	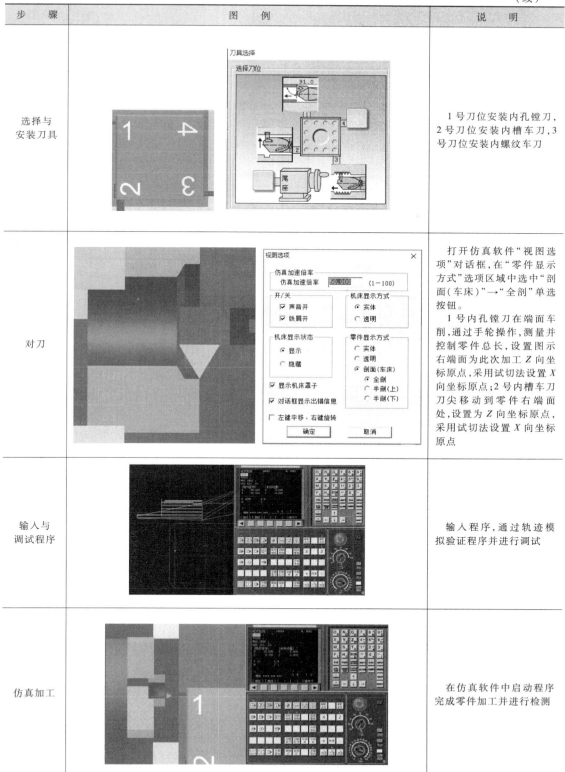	1号刀位安装内孔镗刀，2号刀位安装内槽车刀，3号刀位安装内螺纹车刀
对刀		打开仿真软件"视图选项"对话框，在"零件显示方式"选项区域中选中"剖面（车床）"→"全剖"单选按钮。 1号内孔镗刀在端面车削，通过手轮操作，测量并控制零件总长，设置图示右端面为此次加工 Z 向坐标原点，采用试切法设置 X 向坐标原点；2号内槽车刀刀尖移动到零件右端面处，设置为 Z 向坐标原点，采用试切法设置 X 向坐标原点
输入与调试程序		输入程序，通过轨迹模拟验证程序并进行调试
仿真加工		在仿真软件中启动程序完成零件加工并进行检测

试一试

在数控机床上加工图 5-23 所示沉头螺母，试编制其数控加工程序并完成仿真加工。

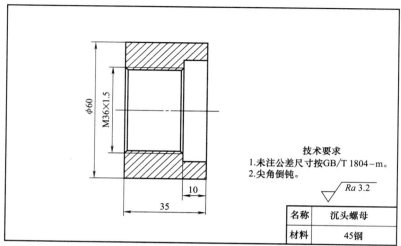

技术要求
1.未注公差尺寸按GB/T 1804－m。
2.尖角倒钝。

$\sqrt{Ra\,3.2}$

名称	沉头螺母
材料	45钢

图 5-23　沉头螺母

项目六

综合要素零件车削加工程序编制与调试

本项目加工典型的综合要素零件——由多个台阶、孔、V形槽、螺纹等轮廓组合而成。对于如何保证直径尺寸公差、长度尺寸公差，进行了详细的加工工艺分析，包括图样分析、确定加工工艺、选用机床型号、选用毛坯、确定走刀路线与加工顺序及主要部分程序编制等。

模块一　轴类综合零件车削加工程序编制与调试

学习目标

1. 会识读综合要素轴类零件图
2. 会选择适合的加工工艺，并确定工艺参数
3. 能正确选择轴类车削刀具
4. 能使用指令编制数控车削加工程序
5. 能对程序进行调试
6. 能进行仿真加工并检测

学习导入

本模块包含两个有沟槽要素的螺纹阶梯轴零件的加工案例，以引导、培养学生完成加工工艺设计、程序编制、仿真软件运用等零件加工过程的综合能力。

任务　带传动轴车削加工编程与调试

任务描述

在数控机床上加工图6-1所示带传动轴，要求选择合适的走刀路线及刀具，确定工艺参数，编写零件加工程序，并在仿真软件中调试程序。毛坯尺寸为 $\phi50\,mm \times 100\,mm$（孔 $\phi20\,mm$）。

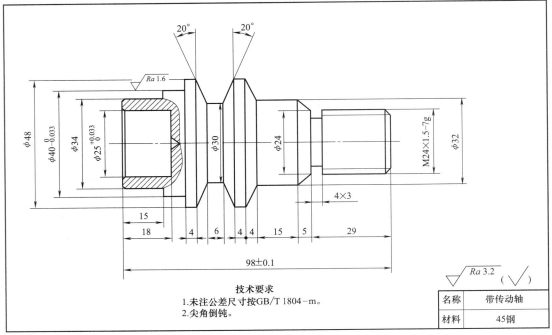

图 6-1 带传动轴

技术要求
1.未注公差尺寸按GB/T 1804－m。
2.尖角倒钝。

名称	带传动轴
材料	45钢

▶ **任务准备**

1. 识读零件图

本任务为车削带传动轴，其包含了 V 形槽、阶梯、内孔、锥面、三角形外螺纹等要素。认真识读图 6-1 所示零件图样，并将读到的信息填入表 6-1。

表 6-1 图样信息

识 读 内 容	读到的信息
零件名称	
零件材料	
零件轮廓要素	
零件图中重要尺寸	
表面质量要求	
技术要求	

2. 选择刀具

请将本任务选择的刀具类型填入表 6-2。

表 6-2 加工刀具

刀 具 名 称	加 工 内 容

知识链接

合理选择切削用量，对于充分发挥设备性能，实现产品的优质及操作过程的安全性具有很重要的作用。粗车时，首先考虑选择一个尽可能大的背吃刀量 a_p，其次选择一个较大的进给量 f，最后确定一个合适的切削速度 v_c。增大背吃刀量 a_p 可减少进给次数，增大进给量 f 则利于断屑，因此根据以上原则选择粗车切削用量对于提高生产率，减少刀具消耗，降低加工成本是有利的。精车时，零件的加工精度和表面质量要求较高，加工余量不大且较均匀，在选择精车切削用量时，应首先保证零件的加工质量，在此基础上尽量提高生产率。因此精车时应选用较小（但不太小）的背吃刀量 a_p 和进给量 f，并选用切削性能高的刀具材料和合理的几何参数，以尽可能提高切削速度 v_c。本任务中粗、精加工时的切削用量选择见表 6-3（参考）。

表 6-3　切削用量选择

切削用量 加工要素	背吃刀量 a_p/mm	进给量 f/（mm/r）	主轴转速 n /（r/min）
外圆表面粗加工	2	0.2	800
外圆表面精加工	0.5	0.1	1200
V 形槽加工	—	0.1	800
螺纹加工	背吃刀量递减	1.5mm/r	800
内孔粗加工	1	0.2	800
内孔精加工	0.3	0.1	1200

 **任务实施**

1. 加工工艺分析

该轴由端面要素、圆锥要素、沟槽要素、孔要素、螺纹要素等多种结构要素组成。零件左端包括 $\phi34$mm、$\phi40_{-0.033}^{0}$mm、$\phi48$mm 的外圆，一个 $\phi25_{0}^{+0.033}$mm 的内孔，两个倾斜角为 20° 的圆锥面，直径为 $\phi30$mm 的沟槽，大小端直径分别为 $\phi48$mm、$\phi32$mm 的圆锥面；零件右端包括直径为 $\phi32$mm 的外圆，大小端直径分别是 $\phi32$mm、$\phi24$mm 的圆锥面；4mm×3mm 的螺纹退刀槽以及 M24×1.5-7g 螺纹部分。工件全长 98±0.1mm。选择零件 $\phi32$mm 外圆作为调头后的装夹面先行加工，参考加工工艺见表 6-4。

表 6-4　参考加工工艺

设备名称	数控车床	系统型号	FANUC 0i	夹具名称	自定心卡盘	毛坯尺寸	$\phi50$mm×100mm
工步号	工步内容			刀具号	主轴转速 n/（r/min）	进给量 f/（mm/r）	背吃刀量 a_p/mm	备注
1	自定心卡盘夹持毛坯外圆							
1.1	平端面			1	800	0.1		
1.2	粗车 $\phi32$mm 外圆、螺纹外圆			1	800	0.2	1.5	
1.3	精车 $\phi32$mm 外圆、螺纹外圆至尺寸			1	1200	0.1	0.5	

（续）

设备名称	数控车床	系统型号	FANUC 0i	夹具名称	自定心卡盘		毛坯尺寸	ϕ50mm×100mm
工步号	工步内容			刀具号	主轴转速 n /（r/min）	进给量 f /（mm/r）	背吃刀量 a_p /mm	备注
1.4	车削螺纹退刀槽至尺寸			2	800	0.1		
1.5	车削 M24×1.5-7g 外螺纹			3	800	1.5		
2	调头装夹 ϕ32mm 外圆							
2.1	车端面控制总长			1	800	0.1		
2.2	粗车 ϕ34mm、$\phi40_{-0.033}^{0}$mm、ϕ48mm 外轮廓			1	800	0.2	1.5	
2.3	精车 ϕ34mm、$\phi40_{-0.033}^{0}$mm、ϕ48mm 外轮廓至尺寸			1	1200	0.1	0.5	
2.4	车削 V 形槽至尺寸			2	800	0.1		
2.5	粗车 $\phi25_{0}^{+0.033}$mm 内轮廓			4	800	0.2	1	
2.6	精车 $\phi25_{0}^{+0.033}$mm 内轮廓至尺寸			4	1200	0.1	0.5	

2．加工零件右端

（1）建立工件坐标系　自定心卡盘装夹毛坯外圆，工件坐标系建立在毛坯的右端面，工件原点为轴线与端面的交点，轴向为 Z 方向，径向为 X 方向，如图 6-2 所示。

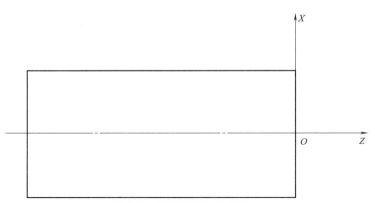

图 6-2　右端加工工件坐标系

（2）规划走刀路线　按由粗到精、由近到远（由右到左）的原则确定走刀路线，即先粗车、精车工件右端外圆表面至长度为 4mm 的圆锥处，留 0.5mm 精加工余量→精车 ϕ32mm 外圆表面至图样尺寸要求→车沟槽→加工螺纹到尺寸。

（3）编写数控加工程序　加工程序可参考表 6-5。

表 6-5　参考程序

程　序	说　明
O0001；	程序名（右端外圆加工）
T0101；	调用 1 号外圆车刀，并执行 1 号刀具偏置
M03 S800；	主轴正转，转速为 800r/min
G00 X52.0 Z5.0；	刀具快速定位

（续）

程　序	说　明
G71 U2.0 R0.5；	调用 G71 循环指令,设置背吃刀量及退刀量
G71 P10 Q20 U0.5 W0 F0.2；	指定轮廓程序段号,设置精加工余量及进给量
N10 G01 X18.0；	轮廓程序开始
Z0.0；	靠近端面
X20.0；	车削端面
X23.85 Z-20.0；	螺纹倒角
Z-29.0；	车削螺纹外圆
X32.0 W-5.0；	车削圆锥面
W-15.0；	车削外圆
X48.0 W-4.0；	车削圆锥面
N20 X52.0；	轮廓程序结束
G00 Z50.0；	快速退刀
M05；	主轴停转
M00；	程序暂停
T0101；	调用 1 号外圆车刀,并执行 1 号刀具偏置
M03 S1200；	主轴正转,转速为 1200r/min
G00 G42 X52.0 Z5.0；	刀具快速定位并建立刀尖圆弧半径补偿
G70 P10 Q20 F0.1；	调用精加工循环指令
G00 G40 X55.0 Z100.0；	快速退刀并撤销刀尖圆弧半径补偿
M05；	主轴停转
M00；	程序暂停
T0202；	调用 2 号切槽刀,并执行 2 号刀具偏置
M03 S800；	主轴正转,转速为 800r/min
G00 X30.0 Z-29.0；	刀具快速定位
G01 X18.0 F0.2；	车削螺纹退刀槽
G04 X4.0；	槽底暂停
X30.0；	退刀
G00 Z100.0；	快速退刀
M05；	主轴停转
M00；	程序暂停
T0303；	调用 3 号外螺纹车刀,并执行 3 号刀具偏置
M03 S800；	主轴正转,转速为 800r/min

（续）

程　　序	说　　明
G00 X25.0 Z5.0;	刀具快速定位
G76 P011060 Q100 R200;	调用螺纹切削循环指令
G76 X22.05 Z−26.0 P975 Q400 F1.5;	
G00 X50.0 Z100.0;	快速退刀
M05;	主轴停转
M30;	程序结束并复位

（4）零件仿真加工　零件加工程序编写完成后，可先在仿真软件上进行仿真加工，以校验程序的正确性。此处采用上海宇龙软件工程有限公司开发的数控宇龙仿真加工系统进行仿真加工，加工过程如下：

1）通过输入用户名和密码或者单击"快速登录"按钮进入仿真加工初始界面（图6-3）。

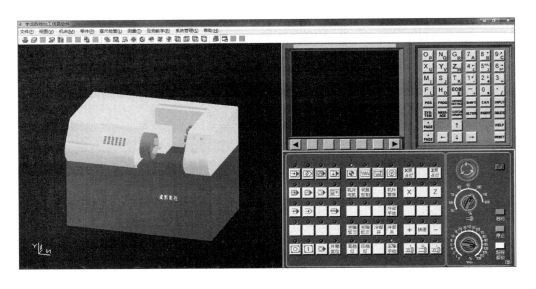

图6-3　仿真加工初始界面

2）选择菜单栏中的"机床"→"选择机床"命令，弹出"选择机床"对话框，确定机床的"控制系统""机床类型"等参数。本次任务的"选择机床"对话框中的参数设置如图6-4所示。

3）按"启动"按钮，按机床急停按钮，确保该按钮为松开状态，机床控制系统正常启动，如图6-5所示。

4）选择菜单栏中的"零件"→"定义毛坯"命令，在弹出的"定义毛坯"对话框中确定毛坯材料及尺寸，如图6-6所示。

5）选择菜单栏中的"零件"→"放置零件"命令，在弹出的"选择零件"对话框中设置参数，完成后单击"安装零件"按钮，如图6-7所示。

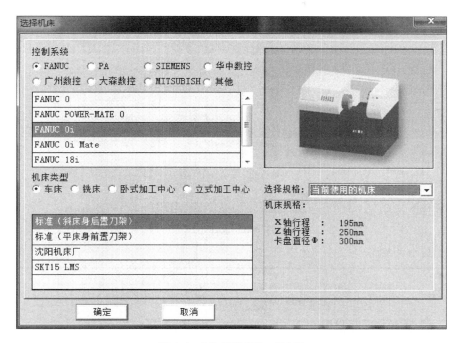

图 6-4 "选择机床"对话框

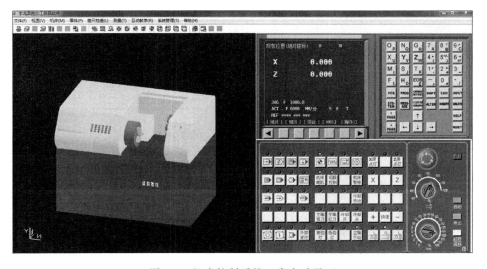

图 6-5 机床控制系统正常启动界面

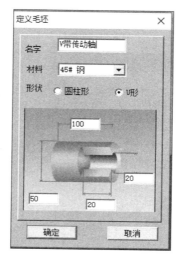

图 6-6　选择毛坯

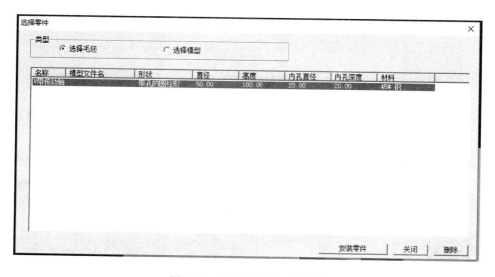

图 6-7　"选择零件"对话框

6）创建外圆车刀。选择菜单栏中的"机床"→"刀具选择"命令，在弹出的对话框中设置"选择刀位""选择刀片""选择刀柄"选项区域中的参数，并输入刀具长度及刀尖半径值，如图 6-8 所示。

7）创建外槽车刀。选择菜单栏中的"机床"→"刀具选择"命令，设置"选择刀位""选择刀片""选择刀柄"选项区域中的参数，并输入刀具长度及刀尖半径值，如图 6-9 所示。

8）创建外螺纹车刀。选择菜单栏中的"机床"→"刀具选择"命令，设置"选择刀位""选择刀片""选择刀柄"选项区域中的参数，并输入刀具长度及刀尖半径值，如图 6-10 所示。

9）创建内孔车刀。选择菜单栏中的"机床"→"刀具选择"命令，设置"选择刀位""选择刀片""选择刀柄"选项区域中的参数，并输入刀具长度及刀尖半径值，如图 6-11 所示。

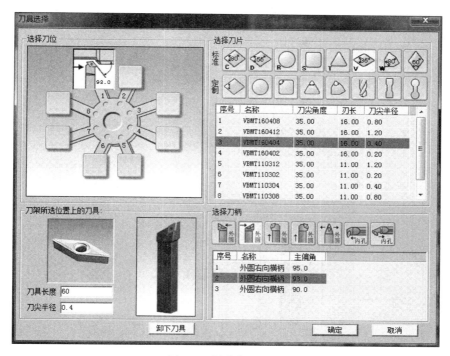

图 6-8　创建外圆车刀

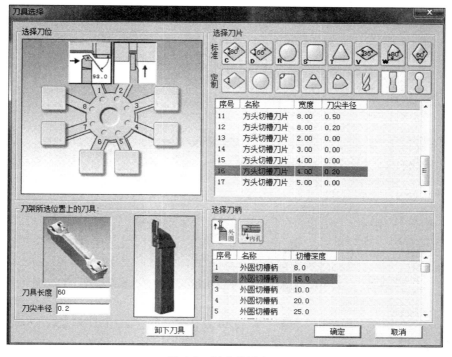

图 6-9　创建外槽车刀

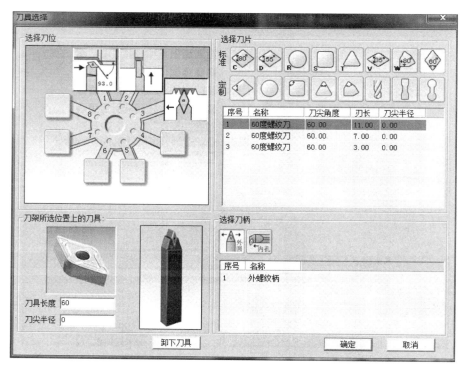

图 6-10　创建外螺纹车刀

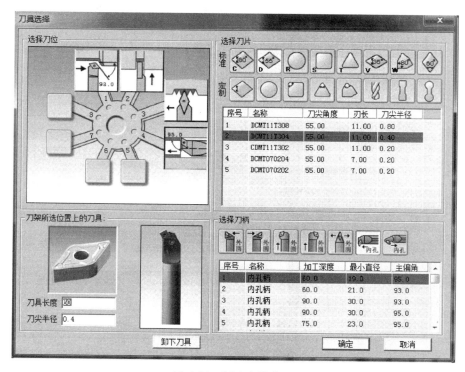

图 6-11　创建内孔车刀

10）在机床操作面板上按"回参考点"按钮，绿色指示灯亮起，分别按下机床操作面板上的"X轴选择"按钮Ⓧ、"正方向移动"按钮⊞、"Z轴选择"按钮Ⓩ、"正方向移动"按钮，机床回参考点，相应指示灯亮，同时显示屏上显示机床坐标位置，如图6-12所示。

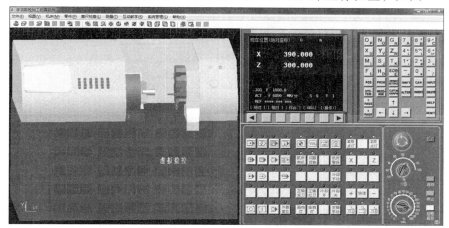

图6-12 机床回参考点

11）试切工件。分别建立"外圆车刀""外螺纹车刀""外槽车刀"的工件坐标系，按下机床操作面板上的"手动"按钮ⓌⓌⓌ，指示灯亮，按下机床操作面板上的主轴控制按钮⊡，主轴反转，配合使用"X轴选择"按钮、"正方向移动"按钮、"Z轴选择"按钮，对工件进行试切，完成对刀设置，如图6-13所示。

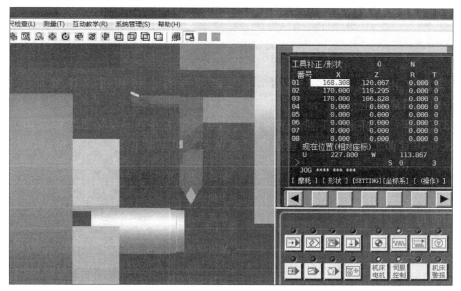

图6-13 建立工件坐标系

12）输入与调用程序。按MDI键盘上的功能键输入加工程序；也可以调用输入程序：在机床操作面板上按"编辑"按钮，进入编辑状态，按MDI键盘上的"程序"功能键，显示程序，依次按［程序］软键、［操作］软键、［下一页］软键、［F检索］软键，弹出图6-14所示对话框，打开相应程序，完成程序输入（图6-15）。

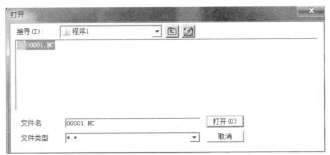

图 6-14 程序调用

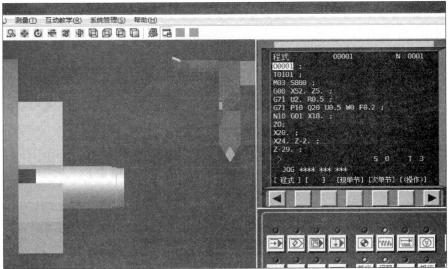

图 6-15 程序界面

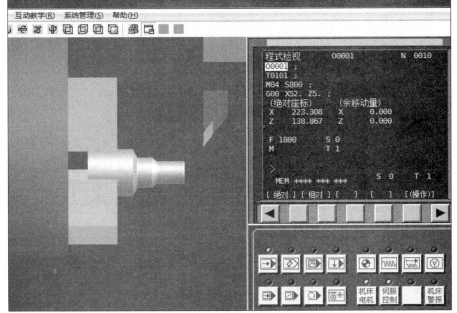

图 6-16 模拟加工零件

13）按机床操作面板上的"自动"按钮▣，再按"循环启动"按钮▣，机床自动加工零件，如图 6-16 所示。

依次调入加工程序，完成零件右端加工，如图 6-17 所示。

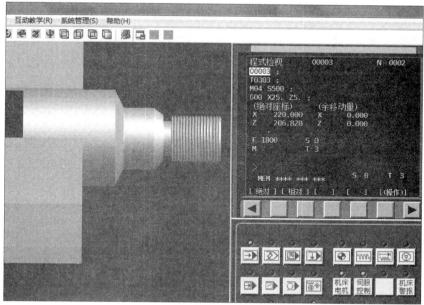

图 6-17　零件右端加工

3. 加工零件左端

（1）建立工件坐标系　工件调头装夹，工件坐标系建立在工件的左端面，工件原点为轴线与端面的交点，轴向为 Z 方向，径向为 X 方向，如图 6-18 所示。

（2）规划走刀路线　工件调头，装夹 $\phi32$mm 圆柱面→加工工件左部端面并保证工件总长→外圆表面粗加工、精加工，留 0.5mm 精加工余量→精加工外圆

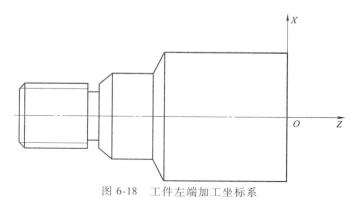

图 6-18　工件左端加工坐标系

表面至图样尺寸要求→加工 $\phi30$mm 沟槽及 20°锥面倒角→粗车、精车工件，留 0.5mm 精加工余量，精加工孔至图样尺寸要求。

（3）编制数控加工程序　加工程序可参考表 6-6。

表 6-6　参考程序

程　　　序	说　　　明
O0004;	程序名
T0101;	调用 1 号外圆车刀，并执行 1 号刀具偏置
M03 S800;	主轴正转，转速为 800r/min

（续）

程　　序	说　　明
G00 X52.0 Z5.0;	刀具快速定位
G71 U2.0 R0.5;	调用 G71 循环指令,设置背吃刀量及退刀量
G71 P10 Q20 U0.5 W0 F0.2;	指定轮廓程序段号,设置精加工余量及进给量
N10 G01 X28.0;	轮廓程序开始
Z0.0;	靠近端面
X30.0;	车削端面
X34.0 Z−2.0;	倒角
Z−15.0;	车削外圆
X40.0;	车削端面
W−8.0;	车削外圆
X48.0;	车削端面
W−24.0;	车削外圆
N20 X52.0;	轮廓程序结束
G0 Z100.0;	快速退刀
M05;	主轴停转
M00;	程序暂停
T0101;	调用 1 号外圆车刀,并执行 1 号刀具偏置
M03 S1200;	主轴正转,转速为 1200r/min
G00 X52.0 Z5.0;	刀具快速定位
G70 P10 Q20 F0.1;	调用精加工循环
G00 X55.0 Z100.0;	快速退刀
M05;	主轴停止
M00;	程序暂停
O0005;	程序名(V 形槽加工)
T0202;	调用 2 号外圆车刀,并执行 2 号刀具偏置
M03 S800;	主轴正转,转速为 800r/min
G00 X52.0 Z−31.5;	刀具快速定位
G75 R0.3;	调用 G75 循环指令,设置退刀量
G75 X30.0 Z−33.5 P1500 Q2000 F0.15;	设置精加工余量及进给量
G01 X48.0 Z−27.0 F0.15;	车削锥面
X30.0 Z−31.0;	车削锥面
Z−33.0;	车削槽底
X48.0 Z−37.0;	车削锥面
G00 X50.0 Z100.0;	快速退到
M05;	主轴停止
M00;	程序暂停
O0006;	程序名(内孔加工)
T0404;	调用 4 号外圆车刀,并执行 4 号刀具偏置
M03 S800;	主轴正转,转速为 800r/min
G00 X20.0 Z5.0;	刀具快速定位

（续）

程　　序	说　　明
G71 U1.0 R0.5;	调用 G71 循环指令,设置背吃刀量及退刀量
G71 P10 Q20 U0.5 W0 F0.2;	指定轮廓程序段号,设置精加工余量及进给量
N10 G01 X27.0;	轮廓程序开始
Z0.0;	靠近端面
X25.0 Z-1.0;	端面倒角
Z-18.0;	车削内孔
N20 X20.0;	轮廓程序结束
G0 Z100.0;	快速退刀
M05;	主轴停止
M00;	程序暂停
T0404;	调用 4 号外圆车刀,并执行 4 号刀具偏置
M03 S1200;	主轴正转,转速为 1200r/min
G00 X20.0 Z5.0;	刀具快速定位
G70 P10 Q20 F0.1;	调用精加工循环指令
G00 X20.0 Z100.0;	快速退刀
M30;	程序结束

（4）零件仿真加工　加工过程如下：

1）调头装夹零件，控制总长 98±0.1mm，如图 6-19 所示。

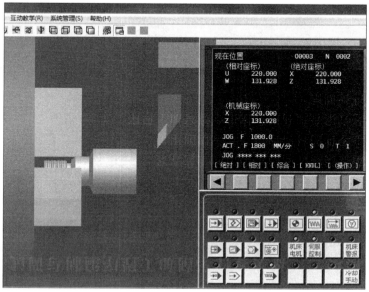

图 6-19　调头加工零件

2）试切工件。分别建立"外圆车刀""内孔车刀""外槽车刀"的工件坐标系，按下机床操作面板上的"手动"按钮，指示灯亮，按下机床操作面板上的主轴控制按钮，主轴反转，配合使用"X轴选择"按钮、"正方向移动"按钮、"Z轴选择"按钮，对工件进行试切，完成对刀设置，如图6-20所示。

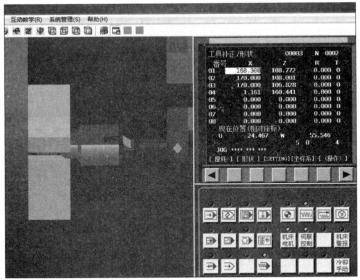

图6-20　建立工件坐标系

3）调入程序并加工零件。依次调入左端加工程序并按机床操作面板上的"自动"按钮 ▣，再按"循环启动"按钮，完成零件的加工，如图6-21所示。

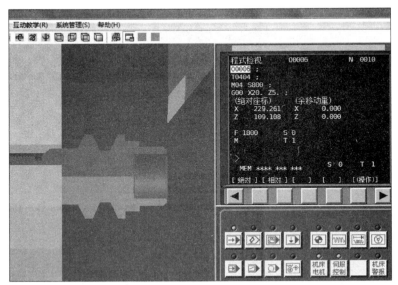

图6-21　完成零件加工

4）零件精度检测。通过"车床工件测量"对话框对工件的尺寸进行检测（图6-22）。

 试一试

在数控机床上加工图6-23所示连接轴，试编制其加工程序并进行仿真加工。

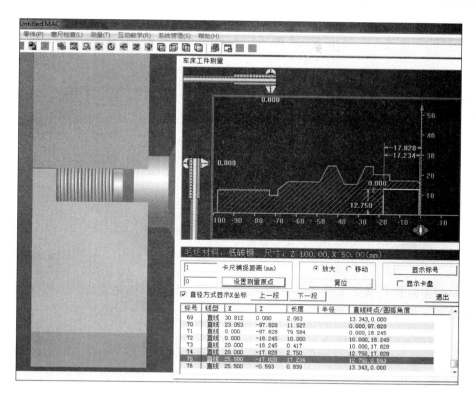

图 6-22　零件检测

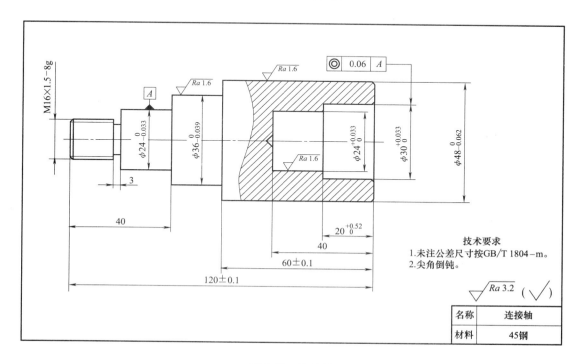

图 6-23　连接轴

模块二　盘类零件车削加工程序编制与调试

 **学习目标**

1. 会根据复杂盘类零件图确定合理的工艺方案
2. 会根据加工零件的材料选择刀具与切削用量
3. 会根据工艺方案合理利用数控指令编写加工程序
4. 会对程序进行调试

学习导入

本模块包含阶梯孔套类零件的加工案例，以引导、培养学生完成加工工艺设计，程序编制，仿真软件运用等零件加工过程的综合能力。

任务　端盖车削加工编程与调试

任务描述

在数控机床上加工图 6-24 所示端盖零件，要求选择合适的走刀路线及刀具，确定工艺参数，编写零件加工程序，并在仿真软件中调试程序。毛坯尺寸为 $\phi80\text{mm} \times 35\text{mm}$（孔 $\phi18\text{mm}$）。

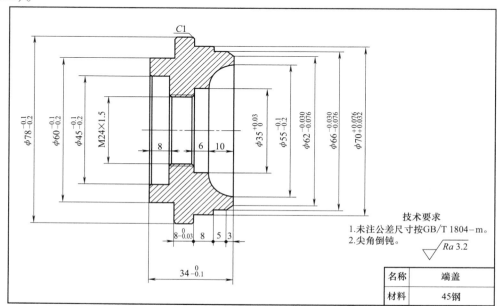

图 6-24　端盖

任务准备

1. 识读零件图

本任务为车削端盖零件，其包含了端面、通孔、圆弧面、螺纹、外轮廓等要素。认真识读图 6-24 所示零件图样，并将读到的信息填入表 6-7。

表 6-7　图样信息

识 读 内 容	读到的信息
零件名称	
零件材料	
零件轮廓要素	
零件图中重要尺寸	
表面质量要求	
技术要求	

2. 选择刀具

本任务选择的刀具类型见表 6-8。

表 6-8　加工刀具

刀 具 名 称	加 工 内 容

知识链接

孔是盘套类零件的主要特征。孔有不同的精度和表面质量要求，也有不同的结构尺寸，包括通孔、不通孔、阶梯孔、深孔、浅孔、大直径孔、小直径孔等。常用孔加工方式有钻孔、扩孔、铰孔、镗孔、拉孔等。

孔加工方法的经济精度、表面粗糙度及适用范围见表 6-9。

表 6-9　孔加工方法的经济精度、表面粗糙度值及适用范围

序号	加 工 方 法	公差等级	表面粗糙度值 Ra /μm	适 用 范 围
1	钻孔	IT11~IT12	12.5	加工未淬火钢及铸铁的实心毛坯，也可以加工有色金属（但是表面粗糙度值较小，孔径小于 φ15mm）
2	钻孔→铰孔	IT9	1.6~3.2	
3	钻孔→铰孔→精铰孔	IT7~IT8	0.8~1.6	
4	钻孔→扩孔	IT10~IT11	6.3~12.5	同上，但孔径大于 φ20mm
5	钻孔→扩孔→铰孔	IT8~IT9	1.6~3.2	
6	钻孔→扩孔→粗铰孔→精铰孔	IT7	0.8~1.6	
7	钻孔→扩孔→机铰孔→手铰孔	IT6~IT7	0.1~0.4	

（续）

序号	加工方法	公差等级	表面粗糙度值 Ra /μm	适用范围
8	粗镗	IT11~IT12	6.3~12.5	
9	粗镗→半精镗	IT8~IT9	1.6~3.2	除淬火钢外的各种材料，毛坯有铸出孔或锻出孔
10	粗镗→半精镗→精镗	IT7~IT8	0.8~1.6	
11	粗镗→半精镗→精镗→浮动镗	IT6~IT7	0.4~0.8	
12	粗镗→半精镗→精镗→金刚镗	IT6~IT7	0.05~0.4	主要用于加工精度要求高的有色金属

1. 加工工艺分析

该零件形状结构较复杂，由内外圆柱面、圆弧以及螺纹要素组成。外圆有 $\phi78_{-0.2}^{-0.1}$ mm、$\phi70_{+0.032}^{+0.076}$ mm、$\phi66_{-0.076}^{-0.030}$ mm、$\phi60_{-0.2}^{-0.1}$ mm 的圆柱面，内部结构为 $\phi45_{-0.2}^{-0.1}$ mm、$\phi35_{0}^{+0.03}$ mm 以及 M24×1.5 的螺纹构成，工件全长 $34_{-0.1}^{0}$ mm，要求表面粗糙度 Ra 值为 3.2μm。选择零件 $\phi60_{-0.2}^{-0.1}$ mm 外圆作为调头后的装夹面先行加工，参考加工工艺见表 6-10。

表 6-10　参考加工工艺

设备名称	数控车床	系统型号	FANUC 0i	夹具名称	自定心卡盘		毛坯尺寸	$\phi80$mm×50mm
工步号	工步内容		刀具号	主轴转速 n /(r/min)	进给量 f /(mm/r)	背吃刀量 a_p /mm	备注	
1	自定心卡盘夹持毛坯外圆							
1.1	车削左端面		T0101	800	0.1			
1.2	粗、精车 $\phi60_{-0.2}^{-0.1}$ mm、$\phi78_{-0.2}^{-0.1}$ mm 外轮廓至公差尺寸要求		T0101	粗:800 精:1200	粗:0.2 精:0.1	粗:1.5 精:0.5		
1.3	粗、精车 $\phi45_{-0.2}^{-0.1}$ mm 内轮廓至尺寸		T0202	粗:800 精:1200	粗:0.2 精:0.1	粗:1 精:0.5		
2	调头夹持 $\phi60_{-0.2}^{-0.1}$ mm 外轮廓							
2.1	加工端面控制总长		T0101	800	0.1			
2.2	粗、精加工 $\phi70_{+0.032}^{+0.076}$ mm、$\phi66_{-0.076}^{-0.030}$ mm 外轮廓至尺寸		T0101	粗:800 精:1200	粗:0.2 精:0.1	粗:1.5 精:0.5		
2.3	粗、精车 $\phi55_{-0.2}^{-0.1}$ mm、$\phi35_{0}^{+0.03}$ mm、$\phi24$mm 内轮廓至尺寸		T0202	粗:800 精:1200	粗:0.2 精:0.1	粗:1 精:0.5		
2.4	车 M24×1.5 内螺纹		T0303	800	1.5			

2. 加工零件左端

（1）建立工件坐标系　用自定心卡盘装夹毛坯，工件坐标系建立在毛坯的左端面，工件原点为轴线与端面的交点，轴向为 Z 方向，径向为 X 方向，如图 6-25 所示。

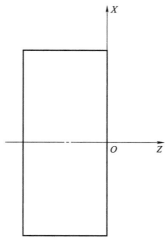

图 6-25　建立工件坐标系

（2）规划走刀路线　按由粗到精、由外到内的原则确定走刀路线，即先粗车工件左端 $\phi 78_{-0.2}^{-0.1}$mm 外圆表面，留 0.5mm 精加工余量→精车外圆表面至图样尺寸要求→粗、精车内孔至尺寸要求。

（3）编写数控加工程序　加工程序可参考表 6-11。

表 6-11　参考程序

程　序	说　明
O0001；	程序名（左端外圆加工）
T0101；	调用 1 号外圆车刀，并执行 1 号刀具偏置
M03 S800；	主轴正转，转速为 800r/min
G00 X85.0 Z5.0；	刀具快速定位
G71 U1.0 W0 R0.5；	调用 G71 循环指令，设置背吃刀量及退刀量
G71 P1 Q2 U1.0 W0 F0.3；	指定轮廓程序段号，设置精加工余量及进给量
N10 G01 X56.0；	轮廓程序开始
Z1.0；	靠近端面
X59.85 Z-1.0；	端面倒角
Z-10.0；	车削外圆
X76.0；	车削端面
X77.85 Z-11.0；	端面倒角
Z-18.0；	车削外圆
N20 X85.0；	轮廓程序结束
G0 Z50.0；	快速退刀
M00；	程序暂停

（续）

程 序	说 明
T0101；	调用 1 号外圆车刀，并执行 1 号刀具偏置
M03 S1200；	主轴正转，转速为 1200r/min
G42 G0 X85.0 Z5.0；	刀具快速定位并建立刀尖圆弧半径补偿
G70 P1 Q2 F0.1；	调用精加工循环
G40 G00 X100.0 Z50.0；	快速退刀并撤销刀尖圆弧半径补偿
M05；	主轴停止
M00；	程序暂停
O0002；	程序名（左端内孔加工）
T0202；	调用 2 号内孔车刀，并执行 2 号刀具偏置
M03 S800；	主轴正转，转速为 800r/min
G40 G00 X20.0 Z5.0；	刀具快速定位
G71 U1.0 W0 R0.5；	调用 G71 循环指令，设置背吃刀量及退刀量
G71 P1 Q2 U−1.0 W0 F0.3；	指定轮廓程序段号，设置精加工余量及进给量
N10 G01 X49.0；	轮廓程序开始
Z1.0；	靠近端面
X44.85 Z−1.0；	端面倒角
Z−8.0；	车削内孔
X24.5；	车削内孔端面
X22.5 Z−9.0；	车削内孔
N20 X20.0；	轮廓程序结束
G0 Z50.0；	快速退刀
M05；	主轴停止
M00；	程序暂停
T0202；	调用 2 号内孔车刀，并执行 2 号刀具偏置
M03 S1200；	主轴正转，转速为 1200r/min
G41 G00 X20.0 Z5.0；	刀具快速定位并建立刀尖圆弧半径补偿
G70 P1 Q2 F0.1；	调用精加工循环指令
G40 G00 X20.0 Z50.0；	快速退刀并撤销刀尖圆弧半径补偿
M30；	程序结束

（4）零件仿真加工　零件加工程序编写完成后，可先在仿真软件上进行仿真加工，以校验程序的正确性。仿真加工过程如下：

1）进入仿真加工界面，操作步骤同本模块项目一的"任务实施"中的"（4）零件仿真加工"的步骤1）。

2）选择机床。操作步骤同本模块项目一的"任务实施"中的"（4）零件仿真加工"的步骤2）。

3）启动机床控制系统。操作步骤同本模块项目一的"任务实施"中的"（4）零件仿真加工"的步骤 3）。

4）选择菜单栏中的"零件"→"定义毛坯"命令，在弹出的"定义毛坯"对话框中确定毛坯材料及尺寸，如图 6-26 所示。

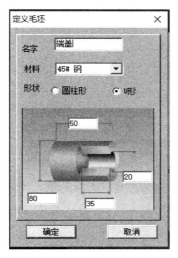

图 6-26　选择毛坯

5）选择菜单栏中的"零件"→"放置零件"命令，在弹出的对话框中根据图 6-27 所示内容设置参数，完成后，单击"安装零件"按钮。

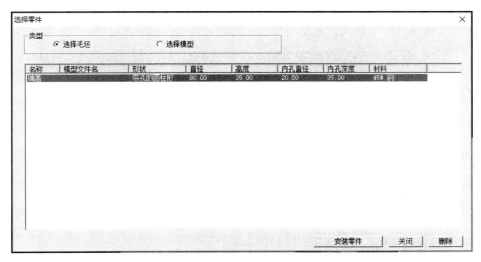

图 6-27　"选择零件"对话框

6）创建外圆车刀。操作步骤同本模块项目一的"任务实施"中的"（4）零件仿真加工"的步骤 6）。

7）创建内孔车刀。选择菜单栏中的"机床"→"刀具选择"命令，设置"选择刀位""选择刀片""选择刀柄"选项区域中的参数，并输入刀具长度及刀尖半径值，如图 6-28 所示。

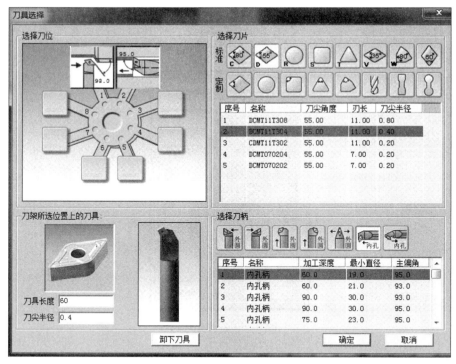

图 6-28　创建内孔车刀

8）创建内螺纹车刀。选择菜单栏中的"机床"→"刀具选择"命令，设置"选择刀位""选择刀片""选择刀柄"选项区域中的参数，并输入刀具长度及刀尖半径值，如图6-29所示。

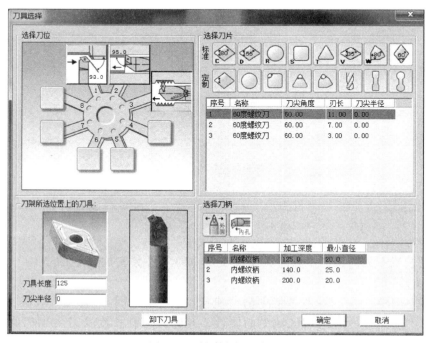

图 6-29　创建内螺纹车刀

9）机床返回参考点。操作步骤同本模块项目一的"任务实施"中的"（4）零件仿真加工"中的步骤 10），结果如图 6-30 所示。

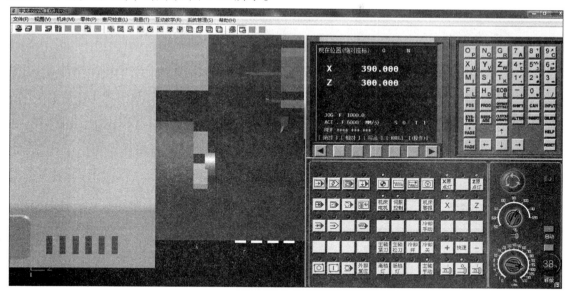

图 6-30　回参考点

10）试切工件。分别建立"外圆车刀""内孔车刀"的工件坐标系，按下机床操作面板上的"手动"按钮，指示灯亮，按下机床操作面板上的主轴控制按钮，主轴反转，配合使用主轴按钮与方向移动按钮，对工件进行试切，完成对刀设置，如图 6-31 所示。

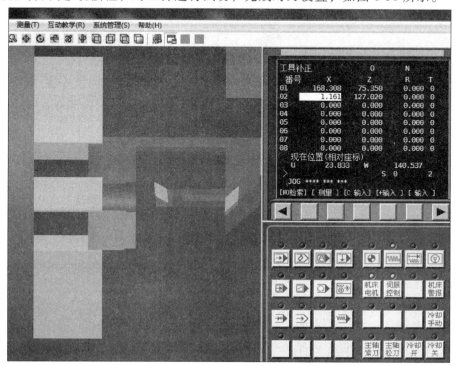

图 6-31　建立工件坐标系

11）输入与调用程序。可以手动输入加工程序，也可以调用输入图 6-32 所示程序，结果如图 6-33 所示。

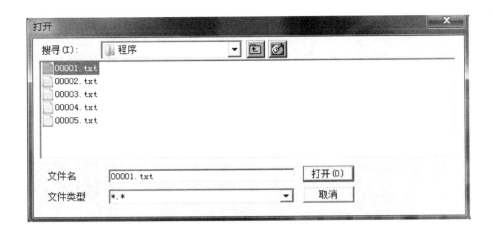

图 6-32　调用程序

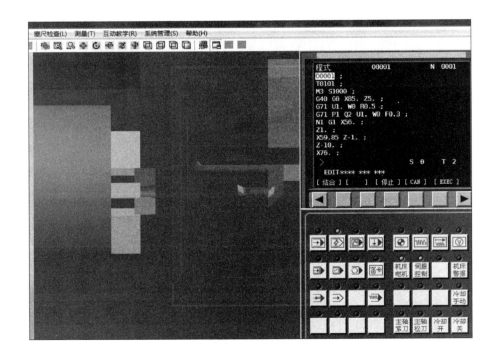

图 6-33　程序调入界面

12）按机床操作面板上的"自动"按钮，再按"循环启动"按钮，机床自动加工零件，如图 6-34 所示。

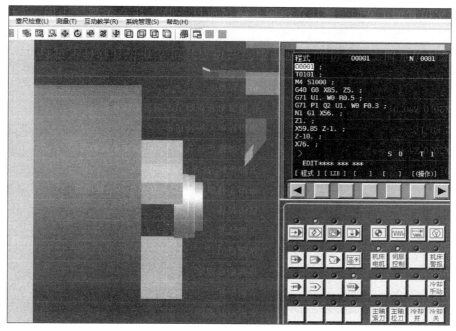

图 6-34 零件加工界面

依次调入加工程序，完成零件左端加工，如图 6-35 所示。

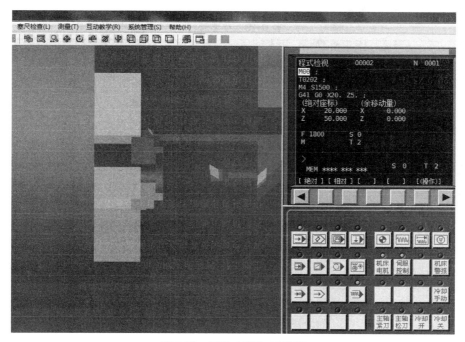

图 6-35 零件左端加工界面

3. 加工零件右端

（1）建立工件坐标系　工件调头装夹，工件坐标系建立在工件的右端面，工件原点为轴线与端面的交点，轴向为 Z 方向，径向为 X 方向，如图 6-36 所示。

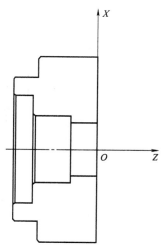

图 6-36　建立工件坐标系

（2）规划走刀路线　工件调头，装夹 $\phi 60_{-0.2}^{-0.1}$ mm 圆柱面→加工工件右端面并保证工件总长→粗加工外圆，留 0.5mm 的精加工余量→精加工外圆表面至图样尺寸要求→加工内轮廓→粗、精车工件，留 0.5mm 的精加工余量，精加工孔至图样尺寸要求，加工内螺纹至尺寸要求。

（3）编制数控加工程序　加工程序可参考表 6-12。

表 6-12　参考程序

程　序	说　明
O0003；	程序名（右端外圆加工程序）
T0101；	调用 1 号外圆车刀，并执行 1 号刀具偏置
M03 S800；	主轴正转，转速为 800r/min
G40 G00 X85.0 Z5.0；	刀具快速定位
G71 U1.0 W0 R0.5；	调用 G71 循环指令，设置背吃刀量及退刀量
G71 P1 Q2 U1.0 W0 F0.3；	指定轮廓程序段号，设置精加工余量及进给量
N10 G01 X61.954；	轮廓程序开始
Z0.0；	靠近端面
X65.954 Z-3.0；	端面倒角
Z-8.0；	车削外圆
X70.044；	车削外圆端面
Z-16.0；	车削外圆
X76.0；	车削外圆端面
X78.0 Z-17.0；	车削外圆倒角
N20 X85.0；	轮廓程序结束
G00 Z50.0；	快速退刀
M00；	程序暂停

（续）

程　　序	说　　明
T0101；	调用 1 号外圆车刀，并执行 1 号刀具偏置
M03 S1200；	主轴正转，转速为 1200r/min
G42 G00 X85.0 Z5.0；	刀具快速定位并建立刀尖圆弧半径补偿
G70 P1 Q2 F0.1；	调用精加工循环指令
G40 G00 X85.0 Z50.0；	快速退刀并撤销刀尖圆弧半径补偿
M05；	主轴停止
M00；	程序暂停
O0004；	程序名（右端内轮廓加工程序）
T0202；	调用 2 号内孔车刀，并执行 2 号刀具偏置
M03 S800；	主轴正转，转速为 800r/min
G40 G00 X20.0 Z5.0；	刀具快速定位
G71 U1.0 W0 R0.5；	调用 G71 循环指令，设置背吃刀量及退刀量
G71 P1 Q2 U-1.0 W0 F0.3；	指定轮廓程序段号，设置精加工余量及进给量
N10 G01 X54.85；	轮廓程序开始
Z0.0；	靠近端面
G03 X35.015 Z-10.0 R10.0；	车削圆弧
G01 Z-16.0；	车削内孔
X24.5；	车削内孔端面
X22.5 Z-17.0；	车削内孔倒角
Z-27.0；	车削内孔
N20 X20.0；	轮廓程序结束
G00 Z50.0；	快速退刀
M00；	程序暂停
T0202；	调用 2 号内孔车刀，并执行 2 号刀具偏置
M03 S1200；	主轴正转，转速为 1200r/min
G41 G00 X20.0 Z5.0；	刀具快速定位并建立刀尖圆弧半径补偿
G70 P1 Q2 F0.1；	调用精加工循环指令
G40 G00 X20.0 Z50.0；	快速退刀并撤销刀尖圆弧半径补偿
M05；	主轴停止
M00；	程序暂停
O0005；	程序名（螺纹加工程序）
T0303；	调用 3 号内螺纹车刀，并执行 3 号刀具偏置
M03 S800；	主轴正转，转速为 800r/min
G40 G00 X20.0 Z5.0；	刀具快速定位
G92 X22.5 Z-27.0 F1.5；	调用 G92 螺纹循环指令，设置背吃刀量及退刀量
X23.；	车削螺纹
X23.5；	车削螺纹
X24.0；	车削螺纹
G00 X20.0 Z50.0；	快速退刀
M30；	程序结束并复位

（4）零件仿真加工　加工过程如下：

1）调头装夹零件，控制总长，如图 6-37 所示。

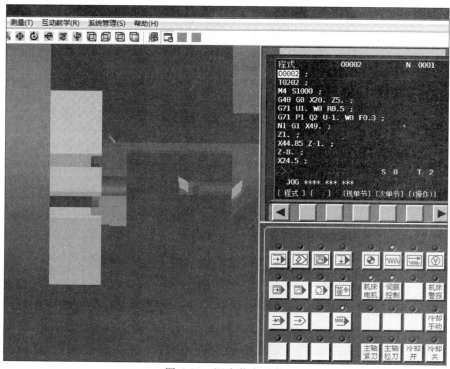

图 6-37　调头装夹零件

2）试切工件。分别建立"外圆车刀""内孔车刀""内螺纹车刀"的工件坐标系，按下机床操作面板上的"手动"按钮，指示灯亮，按下机床操作面板上的主轴控制按钮，主轴反转，配合主轴按钮和方向移动按钮对工件进行试切，完成对刀设置，如图 6-38 所示。

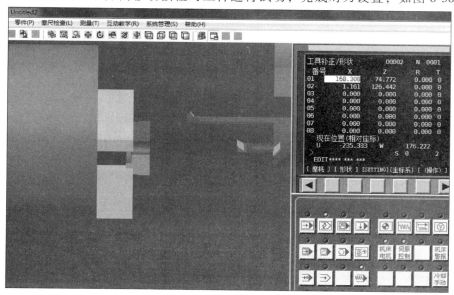

图 6-38　建立工件坐标系

3）调入程序并加工零件。依次调入右端加工程序并按机床操作面板上的"自动"按钮，再按"循环启动"按钮，完成零件的加工，如图 6-39 所示。

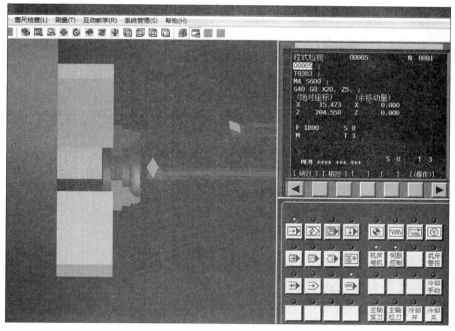

图 6-39　完成零件加工

4）零件加工精度检测。通过"车床工件测量"对话框对工件的尺寸进行检测（图 6-40）。

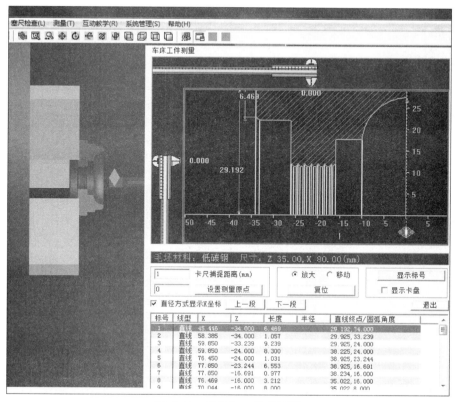

图 6-40　零件加工精度检测

试一试

在数控机床上加工图 6-41 所示活塞套，试分析其数控加工工艺，编制数控加工程序并完成仿真加工。

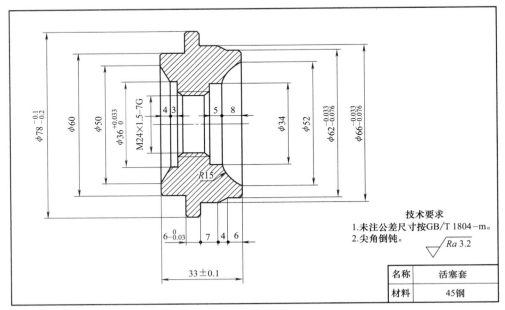

图 6-41　活塞套

技术要求
1.未注公差尺寸按GB/T 1804-m。
2.尖角倒钝。

名称	活塞套
材料	45钢

附　　录

附录 A　《数控车削程序编制与调试》"双证融通" 考核方案

【鉴定方式】

本课程鉴定内容包括理论知识考核、职业素养评价和操作技能考核三部分。理论知识考核主要采用笔试或机考的方式，职业素养评价一般采用过程性评价，操作技能考核采用现场实际操作方式。总成绩按理论知识考核占 20%、职业素养评价占 15%、操作技能考核占 65% 的权重合计。总成绩达 60 分及以上者为合格。

【理论知识考核方案】

1. 理论知识考核组卷方案

（考核时间：45min）

题　　型	考核方式	鉴定题量	分值/(分/题)	配分/分
判断题	闭卷笔试	20	1	20
单项选择题		60	1	60
多项选择题		10	2	20
小计	—	90	—	100

2. 理论知识考核要素细目表

序　号	鉴定点代码			名称·内容	备　注
	章	节	点		
	1	1		编程基本知识	
1	1	1	1	编程方法	
2	1	1	2	常用控制介质	
3	1	1	3	数控程序结构	
4	1	1	4	程序段格式	
5	1	1	5	程序段号规则	
6	1	1	6	参数的小数点规则	
	1	2		数控坐标系	
7	1	2	1	基本坐标系	
8	1	2	2	机床坐标系	

（续）

序 号	鉴定点代码			名称·内容	备 注
	章	节	点		
9	1	2	3	工件坐标系	
10	1	2	4	机床运动假设	
11	1	2	5	机床坐标轴命名规则	
12	1	2	6	附加旋转轴 A、B、C	
	1	3		基本编程指令	
13	1	3	1	进给速度	
14	1	3	2	进给单位	
15	1	3	3	模态组	
16	1	3	4	模态与非模态	
17	1	3	5	辅助功能常用指令	
18	1	3	6	辅助功能的概念	
19	1	3	7	切削液开关指令	
20	1	3	8	程序结束指令	
21	1	3	9	主轴控制指令	
22	1	3	10	程序暂停与选择暂停指令	
23	1	3	11	主轴恒转速度控制	
24	1	3	12	主轴恒线速度控制	
25	1	3	13	切削液开关指令	
26	1	3	14	程序结束指令	
27	1	3	15	主轴限速控制	
28	1	3	16	程序停止与选择停止指令	
	2	1		基本移动指令	
29	2	1	1	基本运动与基本插补概念	
30	2	1	2	快速点定位指令	
31	2	1	3	直线插补指令	
32	2	1	4	圆弧插补指令	
33	2	1	5	圆弧插补指令的方向	
34	2	1	6	圆弧插补圆心参数法	
35	2	1	7	圆弧插补半径参数法	
36	2	1	8	绝对方式编程	
37	2	1	9	增量方式编程	
	2	2		固定循环	
38	2	2	1	固定循环的作用	
39	2	2	2	外圆切削循环指令 G90	
40	2	2	3	端面切削循环指令 G94	
41	2	2	4	车削复合循环作用	

（续）

序　号	鉴定点代码			名称·内容	备　注
	章	节	点		
42	2	2	5	车削复合循环格式	
43	2	2	6	车削复合循环指令 G71	
44	2	2	7	车削复合循环指令 G73	
45	2	2	8	车削复合循环指令 G70	
	2	3		子程序	
46	2	3	1	子程序的概念	
47	2	3	2	子程序的格式	
48	2	3	3	子程序的嵌套	
49	2	3	4	子程序调用	
50	2	3	5	子程序的结束	
	2	4		刀尖圆弧半径补偿	
51	2	4	1	刀尖圆弧半径补偿的概念	
52	2	4	2	刀尖圆弧半径补偿的种类	
53	2	4	3	补偿方向的判定	
54	2	4	4	刀尖圆弧半径补偿的取消	
55	2	4	5	刀尖圆弧半径补偿的应用	
56	2	4	6	使用刀尖圆弧半径补偿的注意事项	
57	2	4	7	刀补拐角转接	
58	2	4	8	刀尖方位号	
	2	5		切槽循环	
59	2	5	1	外槽加工指令	
60	2	5	2	内槽加工指令	
61	2	5	3	V 形槽尺寸计算	
62	2	5	4	暂停指令 G04	
	2	6		孔加工编程知识	
63	2	6	1	孔加工方法	
64	2	6	2	钻孔循环指令	
65	2	6	3	内轮廓循环指令	
	3	1		螺纹加工	
66	3	1	1	螺纹参数含义	
67	3	1	2	左、右旋螺纹的判断	
68	2	1	3	螺纹大径的计算方法	
69	2	1	4	螺纹小径的计算方法	
70	3	1	5	螺纹单切削指令 G32	
71	3	1	6	螺纹切削单一循环指令 G92	
72	3	1	7	螺纹切削复合循环指令 G76	
	4	1		数控仿真操作	
73	4	1	1	数控仿真操作的作用	
74	4	1	2	数控仿真操作的注意事项	

3. 理论知识考核试题（见附录 B）

【职业素养评价方案】

序　号	评价内容	评价标准		分值/分
1	遵章守纪	按时上课,不旷课	10	20
		旷课每课时扣 1 分,扣完为止		
		准时上课,不迟到、不早退	5	
		迟到、早退每次扣 0.5 分,扣完为止		
		不做与上课无关的事情	5	
		每做一次与上课无关的事情扣 0.5 分,扣完为止		
2	学习意识	认真完成各项学习任务	10	30
		完不成每次扣 1 分,不认真完成每次扣 0.5 分,扣完为止		
		认真完成课后作业	5	
		完不成每次扣 1 分,不认真完成每次扣 0.5 分,扣完为止		
		学习主动性强,有刻苦钻研精神	5	
		主动性差每次扣 0.5 分,扣完为止		
		注重所学知识的灵活运用	10	
		能灵活运用,每次加 1 分,最多加 10 分		
3	合作意识	认真完成组长安排的工作任务	5	10
		不认真每次扣 0.5 分,扣完为止		
		与组员关系融洽,共同完成工作任务	5	
		不团结合作每次扣 0.5 分,扣完为止		
4	规范意识	严格按照要求使用设备,保持设备完好	10	25
		不按要求使用设备每次扣 0.5 分,扣完为止		
		及时主动整理课桌椅及学习用品	10	
		未及时整理每次扣 0.5 分,扣完为止		
		文档资料的归类和整理	5	
		工艺文件有丢失的,每份扣 0.5 分,扣完为止		
5	道德意识	自主完成各项学习任务	10	15
		抄袭他人的学习成果每次扣 1 分,扣完为止		
		尊敬师长,同学之间相互尊重	5	
		不尊重他人每次扣 1 分,扣完为止		

【操作技能考核方案】

1. 操作技能考核项目表

项目编号	项目名称	考核时间 /min	分　数		
			主观分	客观分	合　计
1	数控车削程序编制与仿真加工	90	10	90	100

2. 操作技能考核试题及评分表

《数控车削程序编制与调试》操作技能考核试题

项目名称： 数控车削程序编制与仿真加工

试题名称： 轴类零件编程与仿真加工（附图）

考核时间：90min

1. 工作任务

1）建立工件坐标系。

2）选择合适的加工刀具。

3）手动编写加工程序。

4）调试程序并完成零件的数控仿真加工。

2. 技能要求

1）能编写加工程序。

2）能利用仿真软件调试程序。

3）能应用刀尖圆弧半径补偿功能。

3. 质量要求

1）程序结构合理，并能合理使用指令简化程序。

2）能使用所编制的程序完成零件的仿真加工并达到图样要求。

注：在指定盘符路径下（考核时指定），以考生准考证号建立一个文件夹，将数控加工仿真结果保存至该文件夹。

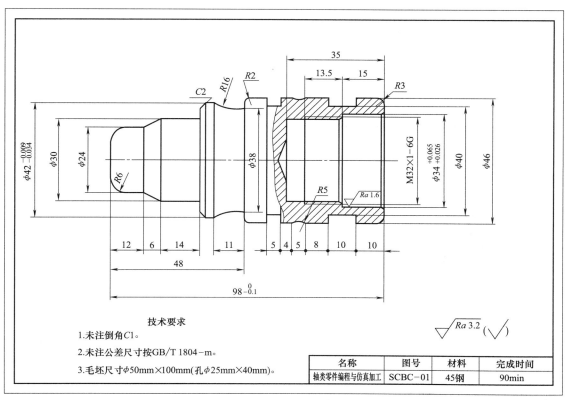

技术要求

1. 未注倒角C1。

2. 未注公差尺寸按GB/T 1804—m。

3. 毛坯尺寸φ50mm×100mm(孔φ25mm×40mm)。

名称	图号	材料	完成时间
轴类零件编程与仿真加工	SCBC—01	45钢	90min

操作技能考核客观评分表

准考证号：_____　　考试时间　_____

试题名称：轴类零件编程与仿真加工

编　号	配　分	评价细则描述	规定或标称值	得　分
O1	16	程序结构与格式的完整性、正确性（程序号、程序结束、程序段结束、准备功能、尺寸字、进给功能、主轴功能、刀具功能和辅助功能）；粗、精加工及换刀过程等表达描述正确。不正确一处扣2分，扣完为止	正确、完整	
O2	12	程序简洁高效，编程指令选择合适；参数设定合理、无明显空刀现象。不正确一处扣2分，扣完为止	正确	
	10	内、外圆粗车、精车，切槽、螺纹等循环指令的正确使用。不正确一处扣2分，扣完为止	正确	
	6	刀尖圆弧半径补偿指令使用正确，不使用不得分。不正确一处扣2分，扣完为止	正确	
O3	16	轮廓模拟轨迹正确。不正确一处扣2分，扣完为止	正确	
	14	仿真加工形状正确、完整。不正确一处扣2分，扣完为止	正确、完整	
O4	4	符合尺寸要求，超差不得分	尺寸 $\phi 42^{-0.009}_{-0.034}$ mm	
	4	符合尺寸要求，超差不得分	尺寸 M32×1-6G	
	4	符合尺寸要求，超差不得分	尺寸 $\phi 34^{+0.065}_{+0.026}$ mm	
	4	符合尺寸要求，超差不得分	尺寸 $98^{0}_{-0.1}$ mm	
合计配分	90	合计得分		

考评员签名：_____

操作技能考核主观评分表

准考证号：_____　　考试时间：_____

试题名称：轴类零件编程与仿真加工

编　号	配　分	评分细则描述	考评员评分			最终得分
			1	2	3	
S1	4	文明操作计算机				
S2	3	零件加工完整				
S3	3	熟练使用仿真软件				

考评员签名：_____

3. 操作技能考核要素细目表

序　号	鉴定点代码		名称·内容	备　注
	项目	细目		
	1		零件手工编程	
1	1	1	零件要素分析	
2	1	2	切削参数计算	
3	1	3	编制数控加工工艺卡片	
4	1	4	编制数控刀具卡片	
5	1	5	基点坐标计算	
6	1	6	节点坐标计算	
7	1	7	编制由直线、圆弧组成的二维外轮廓数控加工程序	
8	1	8	编制由直线、圆弧组成的二维内轮廓数控加工程序	
9	1	9	运用固定循环指令编制零件的轮廓加工程序	
10	1	10	运用子程序编制零件的加工程序	
11	1	11	应用刀尖圆弧半径补偿指令	
12	1	12	编制 V 形外槽切削加工程序	
13	1	13	编制矩形内槽切削加工程序	
14	1	14	计算螺纹参数	
15	1	15	三角形外螺纹加工程序编制	
16	1	16	三角形内螺纹加工程序编制	
17	1	17	编制外槽加工程序	
18	1	18	编制内沟槽加工程序	
	2		数控加工仿真	
19	2	1	根据加工工艺选择刀具	
20	2	2	合理选择仿真机床	
21	2	3	合理选择加工材料	
22	2	4	合理使用基准工具	
23	2	5	安装刀具	
24	2	6	对刀操作	
25	2	7	建立坐标系	
26	2	8	程序输入	
27	2	9	程序编辑	
28	2	10	轨迹查验	
29	2	11	利用仿真软件调试程序	
30	2	12	机床面板的常用按钮	
31	2	13	机床返回参考点操作	
32	2	14	跳步、机床锁定的使用	
33	2	15	F、S 倍率开关的使用	

（续）

序 号	鉴定点代码		名称·内容	备 注
	项目	细目		
34	2	16	利用数控加工仿真软件实施加工过程仿真	
35	2	17	利用刀具补偿功能控制零件加工精度	
36	2	18	零件精度检测	

4. 鉴定设备与场地配置要求

项目序号	项目名称	设备/工具名称			备 注
		名称	规格/型号	数量	
	轴类零件数控程序编制与仿真加工	计算机	CPU:i3 以上 内存:4G 独立显卡	50 台	
		数控加工仿真软件	宇龙数控加工仿真软件 V4.9	50 节点	
场地设施要求	具备局域网连接控制,机房宽敞,配备空调。教室光线明亮,通风设施良好,操作位置相对独立,互不干涉,确保每人一台计算机并安装仿真软件				

附录 B 《数控车削程序编制与调试》"双证融通" 理论知识考核试题

一、判断题（每题 1 分，共 20 分）

1. 手工编程适用于零件结构不复杂、计算较简单、程序较短的场合，经济性较好。
（　　）

2. 根据数控系统的不同，程序段号在有些系统中可以省略。（　　）

3. 数控车床的进给方式有每分钟进给和每转进给两种，一般可用 M 指令指定。（　　）

4. 如果在同一程序段中指定了两个或两个以上属于同一组的 G 代码，则只有最后的 G 代码有效。（　　）

5. 在数控机床系统中输入程序时，不论何种系统，坐标值不论是整数还是小数，都不必加小数点。（　　）

6. 在目前，椭圆轨迹的数控加工一定存在节点的计算。（　　）

7. 笛卡儿坐标系中的拇指表示 Z 轴。（　　）

8. 机床参考点是由程序设定的一个基准点。（　　）

9. 在数控加工中，麻花钻的刀位点是刀具轴线与横刃的交点。（　　）

10. 数控机床编程有绝对值和增量值编程，根据需要可选择使用。（　　）

11. 辅助指令（即 M 功能）与数控装置的插补运算无关。（　　）

12. 数控车床恒线速度控制时，工件切削点直径越大，进给速度越慢。（　　）

13. 在执行 M00 指令后，不仅准备功能（G 功能）停止运动，辅助功能（M 功能）也停止运动。（　　）

14. 基本运动指令就是基本插补指令。 （　　）

15. 圆弧插补指令 G02 和 G03 的顺逆方向判别方法：沿着垂直插补平面的坐标轴的负方向向正方向看去，顺时针方向为 G02，逆时针方向为 G03。 （　　）

16. 外圆粗车复合循环方式适合于加工棒料毛坯，以去除较大余量为目的的粗加工切削。 （　　）

17. 螺纹指令 G32 X41.0 W−43.0 F2.5 是以 2.5mm/min 的进给速度加工螺纹。 （　　）

18. 在 G04 指令执行期间，主轴在指定的短时间内停止转动。 （　　）

19. 进行刀补就是将编程轮廓数据转换为刀位点轨迹数据。 （　　）

20. 在数控仿真加工操作中，程序的输入编辑必须在回零操作之后。 （　　）

二、单项选择题（每题 1 分，共 60 分）

1. 以下没有自动编程功能的软件是（　　）。

A. 宇龙数控加工仿真软件　　　　　　B. UG 软件

C. MasterCAM 软件　　　　　　　　D. SolidWorks 软件

2. 零件加工程序的程序段由若干个（　　）组成。

A. 功能字　　　　B. 字母　　　　C. 参数　　　　D. 地址

3. 功能字的表示方法包括参数直接表示法和代码表示法两种，下列（　　）属于代码表示法的功能字。

A. S　　　　　　B. X　　　　　　C. M　　　　　　D. N

4. 在数控加工系统中，它是指位于字头的字符或字符组，用以识别其后的参数，在传递信息时，它表示其出处或目的地，"它"是指（　　）。

A. 参数　　　　B. 地址符　　　　C. 功能字　　　　D. 程序段

5. 下列不正确的功能字是（　　）。

A. N8.0　　　　B. N100　　　　C. N03　　　　D. N0005

6. 数控机床的 F 功能常用（　　）单位。

A. m/s　　　　　　　　　　　　　B. mm/min 或 mm/r

C. m/min　　　　　　　　　　　　D. r/s

7. G57 指令与下列的（　　）指令不是同一组的。

A. G56　　　　B. G55　　　　C. G54　　　　D. G53

8. 只在本程序段有效，以下程序段需要时必须重写的 G 代码称为（　　）。

A. 模态代码　　　　B. 续效代码　　　　C. 非模态代码　　　　D. 单步执行代码

9. 在 FANUC 数控系统中，下列程序段中不正确的是（　　）。

A. G04 P1.5　　　　B. G04 X2　　　　C. G04 X0.500　　　　D. G04 U1.5

10. 一个基点是两个几何元素的交点或（　　）。

A. 终点　　　　B. 切点　　　　C. 节点　　　　D. 拐点

11. 数控系统常用的两种插补功能是（　　）。

A. 直线插补和螺旋线插补　　　　　　B. 螺旋线插补和抛物线插补

C. 直线插补和圆弧插补　　　　　　　D. 圆弧插补和螺旋线插补

12. 数控系统所规定的最小设定单位就是数控机床的（　　）。

A. 运动精度　　　　B. 加工精度　　　　C. 脉冲当量　　　　D. 传动精度

13. 下列关于数控编程时假定机床运动的叙述，正确的是（　　）。

A. 假定刀具相对于工件做切削主运动　　B. 假定工件相对于刀具做切削主运动

C. 假定刀具相对于工件做进给运动　　D. 假定工件相对于刀具做进给运动

14. 在数控机床坐标系中，平行于机床主轴的直线运动的轴为（　　）。

A. X 轴　　　　　　B. Y 轴　　　　　　C. Z 轴　　　　　　D. U 轴

15. 在直角坐标系中 A、B、C 轴与 X、Y、Z 的坐标轴线的关系是前者分别（　　）。

A. 绕 X、Y、Z 的轴线转动　　　　B. 与 X、Y、Z 的轴线平行

C. 与 X、Y、Z 的轴线垂直　　　　D. 与 X、Y、Z 是同一轴，只是增量表示

16. 数控刀具的刀位点就是在数控加工中的（　　）。

A. 对刀点　　　　　　　　　　　　B. 刀架中心点

C. 代表刀具在坐标系中位置的理论点　　D. 换刀位置的点

17. G00 X30 Z6.0；

　　G01 W15.0 F0.5；程序段执行后实际插补移动量为（　　）。

A. 6mm　　　　　　B. 9mm　　　　　　C. 15mm　　　　　　D. 21mm

18. G01 U24.0 W−16.0 F0.4；程序段执行后，刀具移动了（　　）。

A. 8mm　　　　　　B. 20mm　　　　　　C. 28mm　　　　　　D. 40mm

19. 下列关于辅助功能指令的叙述，不正确的是（　　）。

A. 辅助功能指令与插补运算无关

B. 辅助功能指令一般由 PLC 控制执行

C. 辅助功能指令是以字符 M 为首的指令

D. 辅助功能指令是包括机床电源等起开关作用的指令

20. 表示第一切削液打开的指令是（　　）。

A. M06　　　　　　B. M07　　　　　　C. M08　　　　　　D. M09

21. 表示主程序结束运行的指令是（　　）。

A. M00　　　　　　B. M02　　　　　　C. M05　　　　　　D. M99

22. 辅助功能中控制主轴的指令是（　　）。

A. M00　　　　　　B. M01　　　　　　C. M04　　　　　　D. M99

23. 数控机床主轴以 800r/min 的转速正转时，其指令应是（　　）。

A. G97 M03 S800　　B. G96 M04 S800　　C. M05 S800　　D. G97 M04 S800

24. 执行指令（　　），程序停止运行，若要继续执行下面程序，需按循环启动按钮。

A. M00　　　　　　B. M05　　　　　　C. M09　　　　　　D. M99

25. G53 指令是（　　）。

A. 选择机床坐标系　　　　　　　　B. 模态指令

C. 设置机床坐标系　　　　　　　　D. 设置工件坐标系

26. （　　）代码与工件坐标系有关。

A. G94　　　　　　B. G40　　　　　　C. G40　　　　　　D. G57

27. 使用 G50 指令对刀时，必须把刀具移动到（　　）。

A. 工件坐标原点　　　　　　　　　B. 机床坐标原点

C. 已知坐标值的对刀点　　　　　　D. 任何一点

28. （　　）指令是数控机床程序编制的基本插补指令。

A. G00　　　　　　B. G92　　　　　　C. G03　　　　　　D. G04

29. G00 指令的移动速度值（　　）。

A. 由数控程序指定　　　　　　　　B. 由操作面板指定

C. 由机床参数指定　　　　　　　　D. 机床出厂时固定不能改变

30. 直线插补指令使用（　　）功能字。

A. G00　　　　　　B. G01　　　　　　C. G02　　　　　　D. G03

31. 当同一方向出现多个基准时，必须在（　　）之间直接标出联系尺寸。

A. 主要基准与辅助基准　　　　　　B. 主要基准与主要基准

C. 辅助基准与辅助基准　　　　　　D. 基准与基准

32. FANUC 数控系统中，圆弧插补指令用圆心位置参数描述时，I 和 K 为圆心分别在 X 轴和 Z 轴相对于（　　）的坐标增量。

A. 工件坐标原点　　B. 机床坐标原点　　C. 圆弧起点　　　　D. 圆弧终点

33. 下列关于循环的叙述，正确的是（　　）。

A. 循环的含义是运动轨迹的封闭性　　B. 循环的含义是可以反复执行一组动作

C. 循环的终点与起点重合　　　　　　D. 循环可以减少切削次数

34. G94 X ＿ Z ＿ K ＿ F ＿；指令车削圆锥端面时，K 为圆锥面的（　　）与切削终点的轴向坐标差。

A. 外径　　　　　　B. 端面　　　　　　C. 切削起始点　　　D. 循环起始点

35. G94 X50.0 Z-80.0 F0.3；指令表示（　　）。

A. 外圆车削复合循环　　　　　　　　B. 外圆车削固定循环

C. 螺纹车削固定循环　　　　　　　　D. 端面车削固定循环

36. 下列关于数控车削复合循环的叙述，正确的是（　　）。

A. G71 指令和 G72 指令刀具及安装一样，加工细长轴 G71 指令好于 G72 指令

B. G71 指令和 G73 指令走刀路线不一样，加工铸造或锻造件毛坯时加工效率 G73 指令好于 G71 指令

C. G71 指令和 G73 指令刀具及安装不一样，加工棒料毛坯时加工效率 G73 指令好于 G71 指令

D. G71、G72、G73 都是粗加工复合循环指令，可以任意选择其中之一应用于粗加工

37. FANUC 数控系统精加工复合循环指令 G70 P ＿ Q ＿；中的 P 表示（　　）。

A. 精车程序后第一段程序段号　　　　B. 精加工程序号

C. 精加工循环程序的第一段程序段号　D. 子程序号

38. 使用螺纹车削循环指令 G92 时，指令中 F 后面的参数为（　　）。

A. 螺距　　　　　　B. 导程　　　　　　C. 进给速度　　　　D. 切削速度

39. 车削外圆柱螺纹（FANUC OT）的程序段 G76 X ＿ Z ＿ R ＿ P ＿ Q ＿ F ＿；中，X 的参数为螺纹终点的（　　）。

A. 大径　　　　　　B. 中径　　　　　　C. 小径　　　　　　D. 公称直径

40. 下列关于数控加工仿真系统的叙述，正确的是（　　）。

A. 通过仿真对刀可检测实际各刀具的长度参数

B. 通过仿真试切可检测因实际各刀具的刚性不足而引起的补偿量

C. 通过仿真运行可保证实际零件的加工精度

D. 通过仿真运行可保证实际程序在格式上的正确性

41. 在数控多刀加工对刀时，刀具补偿性偏置参数设置不包括（ 　　）。

A. 各刀具的半径值或刀尖圆弧半径值

B. 各刀具的长度值或刀具位置值

C. 各刀具精度的公差值和刀具变形的误差值

D. 各刀具的磨耗量

42. 下列关于对刀器的叙述，不正确的是（ 　　）。

A. 对刀时，指针式对刀器与刀具接触时，指针刻度显示接触位移值

B. 对刀时，光电式对刀器与刀具接触时红灯会亮

C. 对刀时，对刀器与刀具接触时红灯会亮，同时指针刻度显示接触位移值

D. 对刀时，对刀器与刀具接触时红灯会亮或指针刻度显示接触位移值

43. 调试数控机床程序时，当发生严重异常现象急需要处理，应启动（ 　　）。

A. 程序停止功能　　　　B. 程序暂停功能

C. 急停功能　　　　　　D. 主轴停止功能

44. 调试数控程序时，采用"机床锁定"（FEED HOLD）方式自动运行，（ 　　）功能被锁定。

A. 倍率开关　　　　B. 切削液开关　　　C. 主轴　　　　　D. 进给

45. 半闭环控制的数控机床常用的位置检测装置是（ 　　）。

A. 光栅　　　　　　B. 脉冲编码器　　　C. 磁栅　　　　　　D. 感应同步器

46. 数控系统的软件报警有来自 NC 的报警和来自（ 　　）的报警。

A. PLC　　　　　　B. P/S 程序错误　　C. 伺服系统　　　　D. 主轴伺服系统

47. 机床发生超程报警的原因不太可能是（ 　　）。

A. 刀具参数错误　　　　　　　　　　B. 转速设置错误

C. 工件坐标系错误　　　　　　　　　D. 程序坐标值错误

48. 为抑制或减小机床的振动，近年来数控机床大多采用（ 　　）来固定机床和进行调整。

A. 调整垫铁　　　　B. 弹性支承　　　　C. 等高垫铁　　　D. 阶梯垫铁

49. 数控机床的 F 功能常用（ 　　）单位。

A. m/min　　　　　　　　　　　　　B. mm/min 或 mm/r

C. m/r　　　　　　　　　　　　　　D. r/min

50. G00 指令是刀具以（ 　　）移动方式，从当前位置运动并定位于目标位置的指令。

A. 点动　　　　　　B. 走刀　　　　　　C. 快速　　　　　D. 标准

51. 冷却作用最好的切削液是（ 　　）。

A. 水溶液　　　　　B. 乳化液　　　　　C. 切削油　　　　D. 防锈剂

52. FANUC 数控系统车床用增量方式的编程格式是（ 　　）。

A. G90　G01　X ___ Z ___ ;　　　　B. G91　G01　X ___ Z ___;

C. G01　U ___ W ___;　　　　　　　D. G91　G01　U ___ W ___;

53. FANUC 数控车床系统中 G90 指令是（　　）指令。

A. 增量编程　　　　　　　　　　B. 圆柱或圆锥面车削循环

C. 螺纹车削循环　　　　　　　　D. 端面车削循环

54. 在 G71 P（ns）Q（nf）U（Δu）W（Δw）S500 程序格式中，（　　）表示 Z 轴方向上的精加工余量。

A. Δn　　　　　　B. Δw　　　　　　C. ns　　　　　　D. nf

55. 数控程序手工输入中的删除功能键是（　　）。

A. INSERT　　　　B. ALTER　　　　C. DELETE　　　　D. POS

56. 数控车床中，主轴转速功能字 S 的单位是（　　）

A. mm/r　　　　　B. r/mm　　　　　C. mm/min　　　　D. r/min

57. 加工细长轴一般采用（　　）的装夹方法。

A. 一夹一顶　　　　B. 两顶尖　　　　C. 鸡心夹　　　　D. 专用夹具

58. T0102 表示（　　）。

A. 1 号刀 1 号刀补　　　　　　　B. 1 号刀 2 号刀补

C. 2 号刀 1 号刀补　　　　　　　D. 2 号刀 2 号刀补

59. 程序段 G94 X35 Z−6 R3 F0.2；是循环车削（　　）的程序段。

A. 外圆　　　　　　B. 端面　　　　　　C. 内孔　　　　　　D. 螺纹

60. 绝对值编程是指（　　）。

A. 根据与前一个位置的坐标增量来表示位置的编程方法

B. 根据预先设定的编程原点计算坐标尺寸进行编程的方法

C. 根据机床原点计算坐标尺寸进行编程的方法

D. 根据机床参考点计算坐标尺寸进行编程的方法

三、多项选择题（每题 2 分，共 20 分）

1. 关于爱岗敬业的说法中，你认为正确的是（　　）。

A. 爱岗敬业是现代企业精神的体现

B. 发扬螺钉精神是爱岗敬业的重要表现

C. 强化职业责任是爱岗敬业的具体要求

D. 现代社会提倡人才流动，爱岗敬业正逐步丧失它的价值

2. 车床可用于加工（　　）回转表面。

A. 内、外圆柱面　　　　　　　　B. 圆锥面

C. 成形回转表面及端面　　　　　D. 螺纹面

3. 数控系统中，（　　）指令在加工过程中是非模态的。

A. G01、F　　　　B. G27、G28　　　　C. G04　　　　D. M02

4. 关于车工安全操作规范，以下说法正确的有（　　）。

A. 车工戴工作帽，女同志头发辫子塞在帽子里

B. 卡盘运转时，工作中可以戴手套

C. 工作时，头不能离工件太近，防止切屑飞入眼内

D. 可用手直接拉切屑

E. 车床转动时，不要去测量工件，也不能用手摸工件表面

5. 下列属于优质碳素结构钢的牌号为（　　　）。

A. 45　　　　　　　B. 40Mn　　　　　C. T7　　　　　　D. 08F

6. 下列（　　　）采用数控技术。

A. 金属切削机床　　B. 压力加工机床　　C. 电加工机床　　D. 组合机床

7. 数控机床的基本结构包括（　　　）。

A. 数控装置　　　　B. 程序介质　　　　C. 伺服控制单元　　D. 机床本体

8. 有关程序结构，下面（　　　）叙述是不正确的。

A. 程序由程序号、指令和地址符组成

B. 地址符由指令字和字母数字组成

C. 程序段由顺序号、指令和 EOB 组成

D. 指令由地址符和 EOB 组成

9. 数控系统常用的两种插补功能是（　　　）。

A. 直线插补　　　　B. 螺旋线插补　　　C. 圆弧插补　　　　D. 抛物线插补

10. 直线控制的数控车床不可以加工（　　　）。

A. 圆柱面　　　　　B. 圆弧面　　　　　C. 圆锥面　　　　　D. 螺纹

参 考 文 献

［1］ 徐卫东. 数控车工：四级 ［M］. 北京：中国劳动社会保障出版社，2015.

［2］ 唐利平. 数控车削加工技术 ［M］. 北京：机械工业出版社，2011.

［3］ 上海市职业培训研究发展中心. 数控车工：四级 ［M］. 北京：中国劳动社会保障出版社，2010.